横断山区耕作侵蚀强度分级及主要影响因子临界值确定

贾立志 编著

電子工業出版社
Publishing House of Electronics Industry
北京 • BEIJING

图书在版编目（CIP）数据
横断山区耕作侵蚀强度分级及主要影响因子临界值确定 / 贾立志编著. -- 北京 : 电子工业出版社, 2024. 7. -- ISBN 978-7-121-48122-2
Ⅰ. S157
中国国家版本馆 CIP 数据核字第 20247UX273 号

责任编辑：缪晓红
印　　刷：天津画中画印刷有限公司
装　　订：天津画中画印刷有限公司
出版发行：电子工业出版社
　　　　　北京市海淀区万寿路 173 信箱　　邮编 100036
开　　本：720×1 000　1/16　印张：14　　字数：202 千字
版　　次：2024 年 7 月第 1 版
印　　次：2024 年 7 月第 1 次印刷
定　　价：98.00 元

凡所购买电子工业出版社图书有缺损问题，请向购买书店调换。若书店售缺，请与本社发行部联系，联系及邮购电话：（010）88254888，88258888。
质量投诉请发邮件至 zlts@phei.com.cn，盗版侵权举报请发邮件至 dbqq@phei.com.cn。
本书咨询联系方式：010-88254760。

Classification of Tillage Erosion and the Threshold's Determination of Key Impact Factors in the Hengduan Mountainous Region

By

Jia Lizhi

目　录

第1章

绪论

1.1 研究背景及意义

土地资源是人类赖以生存和发展的重要的物质基础，也是进行农业生产的最基本的物质条件。随着我国经济与社会的发展，水土流失已经成为阻碍我国发展的重要因素之一。水土保持对于改善水土流失地区的农业生产条件，建设生态环境，减少水、旱、风沙等灾害，发展国民经济，具有重要意义。我国是世界上土壤侵蚀问题最为严重的国家之一，我国复杂多变的气候条件和地貌类型导致了土壤侵蚀具有类型复杂多样、面积分布广、侵蚀强度大、危害严重等特点。

土壤侵蚀会破坏土地资源、蚕食农田、威胁人类生存。据初步估计，由于水土流失，我国每年损失耕地约 100.5 万亩，每年造成的经济损失达 100 亿元左右。更严重的是，水土流失造成的耕地损失已直接威胁到水土流失区域群众的生存，其价值是不能单用货币计算的。严重的土壤侵蚀还会造成耕地减少，土地退化严重。近 50 年来，我国因水土流失毁掉的耕地达 4000 多万亩。因水土流失造成草场退化、沙化、盐碱化的土地约 150000 万亩，占中国草原总面积的 50%。

横断山区坡耕地面积达6170.4万亩，涉及人口约1940万人，横断山区坡耕地具有分布广泛、坡度陡、水土流失严重、生态环境恶劣等特点。其是水土流失主要策源地，也是该区水土作用失衡的关键地带之一。一般情况下，坡耕地主要是指坡度在6°～25°范围内的分布在山坡景观的地表平整度差的旱地，坡耕地的主要特点为保水保肥及保土能力差、农作物产量低。然而在横断山区，由于土地资源紧缺及严峻的人口压力，大量的坡度超过25°的陡坡地貌被开垦为耕地，人类不合理的耕作方式进一步加剧该区的水土流失。

水力侵蚀和耕作侵蚀是横断山区坡耕地两种重要的土壤侵蚀形式。耕作侵蚀强度主要受两方面因素影响：耕作侵蚀力和土壤景观易蚀性。

耕作侵蚀力主要是指耕作工具的一些特征（形状、宽等）及人为控制因子（耕作速度、耕作方向、耕作深度）。

土壤景观易蚀性指土壤被耕作所侵蚀的敏感性，包括土壤易蚀性（土壤砾石含量、土壤密度、含水量、土壤结构、植物根系及有机质含量）与地形易蚀性（坡度、坡长及坡型）。

目前的研究大部分集中在单个影响因子对耕作位移及耕作侵蚀强度的影响，然而对于多影响因子共同作用对耕作侵蚀速率的影响，以及不同耕作侵蚀强度下各影响因子的临界值的研究却未见报道。

在坡耕地范围内，严重的耕作侵蚀会导致上坡位置的大量土壤被搬运至下坡位置，使得上坡位置母岩裸露、养分流失，不利于农业耕作的进行及农作物的生长。在下坡位置，大量的土壤堆积致使土层变厚、土壤疏松，抗蚀性降低。

同时，耕作侵蚀会加剧水力侵蚀的发生，耕作侵蚀搬运大量的土壤至下坡位置，为水力侵蚀提供物质来源。

另外，耕作侵蚀导致上坡位置裸露的母岩的透水性差，有助于坡面径流的产生，进而加速坡面汇流过程，增加下坡位置土壤被侵蚀的风险。

耕作侵蚀与水力侵蚀的共同作用会导致坡面大量的泥沙在水流的作用下被搬运出坡耕地，进入河道，进而产生河道淤积、元素流失及农作物产量降低等问题。

目前关于水力侵蚀方面，水利部已经于 2008 年制定水力侵蚀强度分级标准，然而关于耕作侵蚀强度分级标准方面的研究，国内还未见报道。基于这一背景，制定横断山区耕作侵蚀强度分级标准，定量分析各影响因子共同作用对耕作侵蚀速率的影响，确定影响耕作侵蚀各关键因子的临界值，从而制定相应的农业生产耕作措施以控制耕作侵蚀，具有非常重要的现实意义。

本书旨在探索横断山区坡耕地耕作侵蚀空间分布规律及各影响因子共同作用对耕作侵蚀的影响；以横断山区耕作侵蚀空间分布规律为依据，制定横断山区耕作侵蚀强度分级标准；以各影响因子共同作用对耕作侵蚀影响为理论依据，以耕作侵蚀强度分级标准为准则，得出控制在不同耕作侵蚀强度下各因子的临界值；运用 WEPP 模拟不同耕作年限导致的土壤再分布状况对水力侵蚀的影响，得出耕作年限的临界值，为研究区农业耕作生产提供合理化建议，并为实现研究区水土资源平衡及高效利用提供重要的科学依据。

1.2　国内外研究进展与趋势

土壤侵蚀是指土壤及母质在风力、水力、重力、冻融等一系列的外营力的作用之下，被不断破坏、剥蚀、搬运并且沉积的过程（《中国大百科全书·水利卷》）。在通常情况下，土壤侵蚀是一种正常的自然景观现象，然而其具有成因复杂、难以定量化研究、危害严重等特点。

根据造成土壤侵蚀的外营力不同，土壤侵蚀可以划分为自然侵蚀和人为加速侵蚀（景可等，2005）。自然侵蚀是指在不受人为影响下的土壤在自然外营力作用下发生的土壤脱离母岩的剥蚀、搬运及沉积的过程。人为加速侵蚀是指人类不合理的活动导致的土壤侵蚀。在大多数情况下，人类的活动对生态平衡的破坏会加速土壤侵蚀的发生。

根据土壤侵蚀的外营力来源不同，土壤侵蚀可进一步划分为以下类型：即水力侵蚀、风力侵蚀、重力侵蚀、冻融侵蚀及耕作侵蚀等。

1.2.1 水力侵蚀研究进展

水力侵蚀（Water erosion）是在降水及其产生的径流的作用下引起的一系列土壤侵蚀过程及各种土壤侵蚀形式（刘秉正和吴发启，1997）。早在20世纪初，关于定量的、微观的土壤侵蚀的研究便已开展。19世纪80年代，德国的沃伦最早展开了关于土壤侵蚀的定量研究，其在径流小区进行了针对包括植被覆盖、地形因子及土壤类型在内的单因子对水土流失的影响的研究。20世纪40年代，美国科学家Ellison将土壤的水力侵蚀分为四个过程：①雨滴击溅过程；②雨滴搬运过程；③径流侵蚀过程；④径流搬运过程（Ellison，1944、1947）。此后，各国科学家开始对水力侵蚀进行研究，并取得了一系列的进展。关于水力侵蚀的研究主要包括以下几个方面。

（1）水力侵蚀主要影响因子研究。

气候因素中的降雨因子对水力侵蚀的发生具有最为直接的影响。降雨是侵蚀发生的主要动力来源：一方面，雨滴会对土壤进行直接打击造成雨滴击溅侵蚀；另一方面，降雨形成的坡面流还会对土壤产生冲刷，从而导致坡面水力侵蚀的发生。其中，降雨因子主要包括降雨量、降雨强度及降雨的时空分布等指标（Guy et al.，1987；Salles et al.，2000；Kinnell，2012；An et al.，2014；Hu et al.，2016；Mahmoodabadi and Sajjadi，2016；高学田和包忠谟，2001；肖培青，2007；程琴娟等，2007）。降雨强度是衡量坡面水力侵蚀研究中降雨因子的重要的指标，已有研究表明降雨强度与土壤侵蚀量及径流的携沙量成显著的正相关关系（Wischmeier and Smith，1958；王万忠，1984；郑粉莉和高学田，2000；孙飞达等，2007；张会茹和郑粉莉，2011；陈晓燕等，2012）。

地形因子中坡度、坡长及坡型等都与土壤侵蚀的发生及过程有着密切的联系。土壤侵蚀量随着坡度的增加而逐渐增加，当坡度增加到一定的程度时，存在一个临界坡度；当坡耕地坡度超过临界坡度时，土壤侵蚀量随着坡度的增加而减少。许多研究表明，水力侵蚀的临界坡度大约在 30°（陈永宗，1976；靳长兴，1995；陈浩，1993；蒋定生，1997）。

坡长是影响坡面水力侵蚀及产沙的重要因子（孔亚平等，2001；付兴涛等，2014）。国内外学者普遍认为土壤侵蚀量随着坡长的增加而增加。这主要是因为，一方面，坡长越长，越有利于坡面的汇流，进而产生较大的坡面径流，导致严重的水土流失（Bryan and Poesen，1989；Lal，1997）；另一方面，坡长越长，分散的地表径流越容易形成股流，导致细沟侵蚀的发生，从而加剧坡面侵蚀（魏天兴等，2002；Bagarello et al.，2011）。

（2）水力侵蚀的测定方式。

测定土壤的侵蚀速率及土壤侵蚀量的方法主要有径流小区法、示踪剂法及遥感分析法等。

径流小区法是测定土壤侵蚀的最传统也是最早使用的方法。随着科技的发展，径流小区法也逐渐被其他方法代替。

示踪剂法是一种成本较低、操作方便、便于定量化及适于推广的土壤侵蚀量测定方法。与径流小区法不同，示踪剂法可以直接测定土壤侵蚀的空间分布情况、土壤迁移过程、泥沙来源等。核素示踪剂 ^{137}Cs 是一种成熟的且应用较为广泛的示踪剂（Pennock，2000；Zhang et al.，2000，2007；Hien et al.，2013）。

遥感分析法则是运用遥感影像对土壤侵蚀进行监测且测定的方法（Fadul et al.，1999；Sujatha et al.，2000；Dwivedi and Ramana，2003；Yuliang and Yun，2002；Servenay and Prat，2003）。

（3）水力侵蚀预报模型。

随着土壤侵蚀研究的开展，国内外的许多学者也开发出了土壤侵蚀预报模型，它一般可以分为两种：经验统计模型和物理过程模型。

经验统计模型是在大量的观测资料基础上运用统计分析的方法建立起的径

流量和土壤侵蚀量与降雨因子、土壤因子、地形地貌因子和植被覆盖因子等的经验关系式。其可根据不同地区的实际观测数据适当调整各因子的参数，以使用不同研究区的实际情况。应用最为广泛的为 Wischmeier 于 1971 年在统计了 8000 多个径流小区的数据资料的基础上建立的通用土壤流失方程（USLE）：

$$A = R \times K \times L \times S \times C \times P \tag{1.1}$$

式中：

A 为土壤流失量（t • km^{-2} • year^{-1}）；

R 为降雨侵蚀力因子，定义为降雨动能（E）与 30 分钟最大雨强（I_{30}）的乘积；

K 为土壤可蚀性因子，可用单位侵蚀力下的土壤流失量表示；

L、S 为坡长和坡度因子；

C 为作物管理因子，即在其他因子一致时，种植作物的耕地与休闲地的土壤流失量比值；

P 为土壤保持措施因子，即采取一系列的水保措施的地块与不采取水保措施地块的土壤流失量比值。

针对通用土壤流失方程局限于坡面侵蚀的特点，Williams 与 Bernt 于 1976 年提出了针对流域尺度的单场次降雨土壤侵蚀预报方程：

$$Y = 11800(Qq_{\mathrm{p}})^{0.56} K \times L \times S \times C \times P \tag{1.2}$$

式中：

Y 为单次降雨的产沙量（kg）；

Q 为径流总量（m^3）；

q_{p} 为某频率的洪峰流量（m^3 • s^{-1}）。

物理过程模型是从坡面流汇集、水沙移动及泥沙沉积等物理过程出发建立起的坡面水力侵蚀预报模型。物理过程模型的建立需要运用数学方法，将水力学、水土保持学、水文水资源学、土壤学、气象学、泥沙运动力学的基本原理结合起来，从而建立起土壤侵蚀量、产流量等指标与各影响因子之间的关系（王礼先等，2005）。

近几十年，国内外关于物理过程模型的开发取得了一系列的研究进展，美国农业部于1985年开发的WEPP，其不仅可以模拟坡面水力侵蚀状况，与ArcGIS结合的GeoWEPP还可以模拟水流侵蚀过程的空间分布和连续的物理过程，具有较好的应用前景（Acharya et al.，2011；Mukundan et al.，2013；Daly et al.，2015；Brooks et al.，2016；Lier et al.，2005；Defersha et al.，2012；Yu et al.，2009；Raclot et al.，2006；Baigorria et al.，2007；Zhou et al.，2008；Li et al.，2016；Chandramohan et al.，2015；Shi et al.，2012；Grønsten et al.，2006；Pandey et al.，2008；Amore et al.，2004；Singh et al.，2011）。澳大利亚的Misra和Rose（1996）提出了次降雨侵蚀产沙物理模型GUEST。荷兰的De Roo和Wesseling等人1995年在荷兰南部的黄土区建立了LISEM，其能较好地模拟次降雨的水文和土壤侵蚀过程，并且可以与ArcGIS结合（De Roo and Wesseling，1996）。英国、比利时、德国、意大利等国家的科学家在欧盟的支持下，于1998年建立了欧洲土壤侵蚀预报模型EUROSEM，该模型是物理成因很强的次降雨分布式土壤侵蚀模型（Morgan，1994；Cai et al.，2005）。

（4）水力侵蚀对坡面土壤性质的影响。

在线性坡面，水力侵蚀在上坡位置最轻，而在下坡位置最为剧烈；在复合坡面，水力侵蚀在坡凹部位置最为剧烈，在坡凸部位置最轻。水力侵蚀会将土壤搬运出坡面范围，并随着地表径流的作用进入河道，造成严重的水土流失。与此同时，附着在土壤颗粒上的有机质及其他矿物质随着土壤的流失而流失，造成严重的土壤退化（Karlen et al.，1997；Arshad et al.，2002；孙波等，1995；史德明等，2000；许明祥等，2005；黄婷等，2010）。

水力侵蚀会对土壤结构产生重要的影响，已有研究表明，水力侵蚀会将土壤中细小颗粒携带入径流，会增加表层土壤的容重，砾石的含量会在一定程度上增加。

水力侵蚀还会降低土壤的入渗能力，致使土壤水力侵蚀降低，减少土壤团聚体含量，从而引起土壤的持水能力降低。

严重的土壤侵蚀会导致土壤的C、N、P、K等元素大量流失，进而导致养分的贫瘠化，已有研究表明，坡耕地的养分流失量与坡面泥沙流失量成显著的正相关关系。地表径流影响土壤元素迁移，土壤渗漏水和壤中流导致的淋溶迁移也不可忽视。

雨强、下垫面条件、化学物质特征、坡度与坡长、管理措施等影响水力侵蚀的因素，都会影响土壤元素随地表径流的迁移（Frye et al.，1982；Fahnestock et al.，1996；White，1986；Walton et al.，2000；Cogle et al.，2002；Shigaki et al.，2007；李玉山，1983；王百群等，1998；杨艳生，1999；陈欣等，2000；王晓燕等，2000；张成娥等，2002；马琨等，2002；傅涛等，2002，2003；黄满湘等，2003；邱扬等，2004；贾科利等，2006；徐泰平等，2006a，2006b；魏孝荣等，2007；刘旦旦等，2011）。

1.2.2 耕作侵蚀研究进展

（1）耕作侵蚀的定义与耕作侵蚀速率的测定。

在实际的农业生产中，耕作可以起到改善土壤的物理性质、增加土壤的孔隙度、调节耕层土壤的松紧度、改善土壤的通气状况、促进土壤养分的释放、控制杂草、为根系供给空气及促进好气微生物的活动等作用，从而达到调节土壤肥力因素之间的矛盾，以及为形成高产土壤奠定基础的目的。

在山区及丘陵区，多年的耕作会导致土壤发生位移。对于复合坡而言，耕作会导致土壤在凸坡位置流失，而在凹坡位置发生堆积；对于线性坡来说，耕作会导致土壤在坡耕地的上坡到中坡位置流失，而在下坡位置发生沉积（Zhang et al.，2004b，2012），即为耕作侵蚀（Tillage erosion）（见图 1.1）。

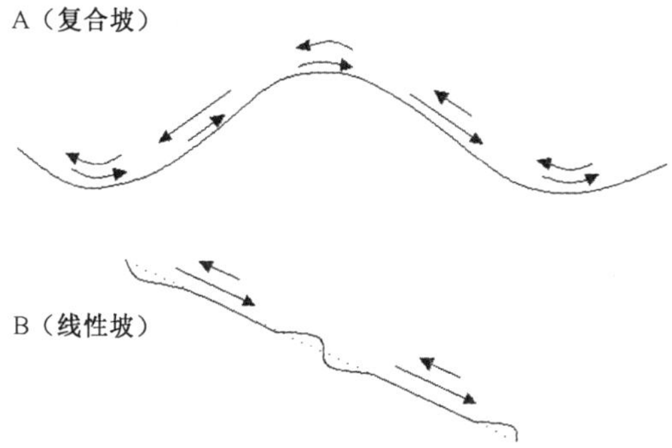

图 1.1　耕作侵蚀导致不同坡面土壤位移情况

Fig 1.1　Principle of tillage erosion (A) complex slope, (B) line slope

耕作侵蚀指的是在坡耕地景观范围内，在农具及重力的共同作用下而导致土壤沿着耕作的方向（顺坡或逆坡）发生移动，进而导致净余土壤的重新分配（Lindstrom et al.，1990；Govers et al.，1999）。

与水力侵蚀和风力侵蚀不同，耕作侵蚀的范围及程度不容易被察觉，只有在连续数十年耕作之后导致的土壤性质及微地貌发生显著变化时才会引起人们的重视。因此，在过去数十年间人们对于耕作侵蚀的关注程度远远小于对水力侵蚀和风力侵蚀的关注程度。

然而，大量的研究已经表明，耕作侵蚀对于土壤性质的变化及位移起到了重要的作用。Mech 和 Free 于 1942 年首次系统地研究了耕作侵蚀，并且得出耕作导致的土壤位移强度与坡度成显著的相关关系（Mech and Free，1942）。随后，关于耕作侵蚀的研究开展并取得一系列的成果（Sibbesen et al.，1985，2000；Sibbesen and Andersen，1985；Sibbesen，1986）。但直到20世纪80年代末，仅有少数几个研究者研究了耕作侵蚀，研究主要集中在耕作工具对土壤剪切、变形和移动的影响（Fornstrom et al.，1970）。直到20世纪90年代初系统的、定量的耕作侵蚀研究才开始出现（Lindstrom et al.，1990，1992；Quine et al.，1992；Govers et al.，1993）。

在过去20多年里，关于耕作侵蚀的研究不断从欧美国家向其他国家拓展，并出现相关的机构和组织（国际土壤耕作研究组织），召开相关会议（耕作侵蚀国际会议），设置了与耕作侵蚀有关的专项研究项目（“耕作侵蚀：现状、未来趋势和防治”大型研究项目）。

直到2001年，我国土壤学家王占礼等人用物理示踪法进行了耕作侵蚀的试验研究，才取得了耕作侵蚀的直接证据，我国才开始开展关于耕作侵蚀的系统、定量的研究。王占礼、李勇等人（2002）在黄土高原地区探讨了耕作侵蚀过程中的土壤再分布规律，构建了黄土地区耕作侵蚀模型，分析了黄土地区耕作侵蚀强度及其空间分布特征，以及黄土地区耕作侵蚀在总土壤侵蚀中的重要性及其空间变化规律。

测定耕作侵蚀速率首先要测定耕作导致的土壤位移，即耕作位移（Tillage translocation）。耕作位移是耕作导致土壤发生的位移，一般情况下可以通过测定相对于耕作方向的土壤位移量来表示（Govers et al.，1999）。

耕作位移的测定方法一般为示踪剂法。具体的操作过程为：先利用示踪剂将一部分土壤标记，然后进行耕作。由于示踪剂随着土壤的运动而运动，所以通过比较耕作前后示踪土壤的示踪剂的浓度变化便可得出耕作导致的土壤位移（Lobb et al.，2001）。

目前，用来作为示踪剂的物质主要分为两类：物理示踪剂和化学示踪剂。

物理示踪剂包括金属粒（Govers et al.，1999）、岩石碎屑（Nyssen et al.，2000；Zhang et al.，2004a，2004b）。化学示踪剂主要包括氯化物（Lobb et al.，1999a，1999b）、^{137}Cs、^{210}Pb、$^{239+240}$Pu 和 ^{7}Be 等核素示踪剂（Lobb et al.，1995；Schimmack et al.，2002；Matisoff et al.，2005）。

除此之外，还有电磁感应示踪技术（De Alba et al.，2006）及磁性示踪技术（Zhang et al.，2009；Zhang and Li，2011）。

此外，有学者利用模型模拟（Van Oost et al.，2000b；Li et al.，2008）和田间调查（Wright et al.，2007）建立了耕作侵蚀与土壤相关性质的关系。

Ventura Jr 等人（2001）通过实验研究提出利用磁性示踪剂代替传统的核素和稀土元素进行示踪的方法，其基本原理主要是将磁性示踪剂和土壤按照一定的质量比例均匀混合后，磁性示踪剂在侵蚀过程中随土壤同步运动，再利用磁化率仪分别测定土壤侵蚀发生前后的土壤磁化率。磁性示踪剂分散或沉积的区域可以由磁化率仪测量磁化率来确定，在磁性示踪剂分散的区域，磁化率下降，对应于该区域土壤被侵蚀；在磁性示踪剂沉积的区域，磁化率升高，对应于该区域土壤沉积。对于复合坡来说，由于耕作一般采用顺坡—逆坡交替的耕作方式，因此耕作传输速率一般采用式（1.3）计算；而在线性坡，耕作一般沿着顺坡方向，因此土壤发生向下的位移，耕作传输速率则采用式（1.4）计算（Quine et al.，1999a，1999b）。

$$Q_s = kS \tag{1.3}$$

$$Q_s = k_3 + k_4 S \tag{1.4}$$

式中：

Q_s 为耕作传输速率（kg · m^{-1}）；

k 、k_3 和 k_4 均为耕作传输系数（kg · m^{-1} · tillage pass^{-1}）；

S 为坡耕地坡度（m · m^{-1}）。

Poesen 等人（1997）、Van Muysen 等人（2000）提出可以通过耕作深度、土壤容重及耕作位移量直接计算耕作侵蚀速率，而无须计算耕作传输系数（k、k_3 和 k_4）。对于等高耕作，耕作传输速率可用式（1.5）计算；对于顺坡—逆坡交替耕作，则应采用式（1.6）计算。

$$Q_s = D_t \rho_b D_d \tag{1.5}$$

$$Q_s = (D_{d下} - D_{d上}) D_t \rho_b / 2 \tag{1.6}$$

式中：

D_t 为耕作深度（m）；

D_d 为土壤位移（m）；

ρ_b 为土壤容重（$kg \cdot m^{-3}$）。

（2）耕作侵蚀与水力侵蚀、风力侵蚀的异质性。

耕作侵蚀与水力侵蚀、风力侵蚀不同，耕作侵蚀的主要作用力来源于人为外力或机械力。因此，在侵蚀特征、形式、影响因子及过程等方面，耕作侵蚀与水力侵蚀、风力侵蚀有明显的差异（见表 1.1）。

风力侵蚀是指在风力的作用下，地表土壤的一些物质脱离地表层而被剥蚀、搬运及沉积的过程。风力侵蚀的发生应当具备两项基本条件：一是风力作为侵蚀力的来源；二是表层应当有松散的土壤作为物质来源。

一般情况下，风力侵蚀主要发生在降水量低于 200～300mm 的干旱地区或者半干旱地区。在我国，风力侵蚀的面积约为 153.5 万平方千米，约占国土面积的 15.94%，并且正以 2100 $km^2 \cdot year^{-1}$ 的速度在增长。

作为干旱及半干旱地区土壤侵蚀的一种重要形式，风力侵蚀的主要作用力为风力。地表的松散物质在风力的作用下被搬运，在此过程中，地表土壤及微地貌的形态遭到破坏，迎风的岩壁在风沙流的磨蚀作用下产生裂隙或凹坑，如此一来，将大大增加土壤退化的速率（张洪江，2000）。

水力侵蚀是指在降雨及地表径流的作用下，土壤被剥蚀、搬运及沉积的全过程。水力侵蚀的形式主要包括：溅蚀（Splash erosion）、面蚀（Surface erosion）、沟蚀（Gully erosion）及山洪沟谷侵蚀（Torrent erosion）。水力侵蚀的最初表现就是由雨滴击溅对地表土壤结构及形态造成的破坏作用。面蚀是超渗产流导致的表层细小的颗粒被带走所造成的土壤侵蚀形式。

耕作会对土壤造成两方面的影响：耕作扰动与耕作侵蚀。耕作扰动是指耕作在土壤不发生位移的情况下，耕作工具对土壤的扰动。在此过程中，土壤的输入量与输出量相同，因此没有发生土壤的净位移。在耕作工具的扰动作用下只发生了土壤的疏松及土壤一些物理性质的改变（孔隙度、容重、抗蚀性等）。耕作侵蚀则是在耕作工具的作用力下，土壤在坡耕地景观范围内被搬运、沉积等重新分布的过程。

表 1.1　耕作侵蚀与水力侵蚀、风力侵蚀的侵蚀特征

Table 1.1　Similarities and dissimilarities among water, tillage, and wind erosion

侵蚀特征	风力侵蚀	水力侵蚀	耕作侵蚀
侵蚀力来源	风	降雨及坡面径流	主要为耕作工具
搬运形式	选择性搬运	选择性搬运	整体运动
侵蚀形式	裸露表层土壤侵蚀	表面薄层土壤侵蚀	耕作层土壤发生位移
微地貌变化	坡面被夷平、沙丘形成	形成侵蚀沟	夷平坡面
主要影响因子	土壤性质及表层状况	地形及土壤性质	地形及耕作作用力
单次耕作导致土壤搬运的距离	长距离	长距离	短距离
发生坡位	整个坡面	下坡（线性坡）、凹坡（复合坡）	上坡（线性坡）、凸坡（复合坡）
土壤运动形式	跳跃及悬浮	滑动与滚动	滑动及滚动
单次侵蚀的可见性	有明显的征状	有明显的征状	征状不明显，过程缓慢

（3）耕作侵蚀对总土壤侵蚀的贡献研究。

目前关于耕作侵蚀与水力侵蚀对坡耕地总土壤侵蚀的贡献率的研究方法主要是通过各种物理示踪技术建立耕作侵蚀模型，以及通过核素示踪技术建立坡耕地总土壤侵蚀模型，并计算出坡耕地耕作侵蚀速率、总土壤侵蚀速率，从而确定耕作侵蚀及水力侵蚀对坡耕地土壤侵蚀的贡献率。

表 1.2 所示为关于耕作侵蚀与水力侵蚀对总土壤侵蚀贡献率的研究，在机械化耕作区耕作侵蚀速率约为 3～70 t • ha^{-1} • $year^{-1}$，在非机械化耕作区耕作侵蚀速率约为 3～600 t • ha^{-1} • $year^{-1}$。在机械化耕作区及非机械化耕作区，耕作侵蚀速率都要比水力侵蚀速率大，这一结论与加拿大农业环境工程指南中关于水力侵蚀及耕作侵蚀是论述类似（McRae et al.，2000）。

在加拿大约有 50%的坡耕地受到耕作侵蚀的影响比较严重（>6 t • ha^{-1} • $year^{-1}$），而仅有 15%的坡耕地受到水力侵蚀的影响。Lobb 等人（1995）在加拿大安大略省运用物理示踪技术得出坡耕地坡顶位置的耕作侵蚀速率达到 54 t • ha^{-1} • $year^{-1}$，耕作侵蚀大约占总土壤侵蚀的 70%。在美国苏明达州，坡耕地的水力侵蚀速率大约为 20 t • ha^{-1} • $year^{-1}$，而耕作侵蚀速率大约为 60 t • ha^{-1} • $year^{-1}$，坡耕地耕作侵蚀约占总土壤侵蚀的 80%（Papiernik et al.，2005）。在欧洲，一些国家的实验也表明耕作侵蚀速率远远大于水力侵蚀速率（Quine et al.，2002；Heckrath et al.，2005）。

在我国黄土丘陵沟壑区，王占礼等人（2003）通过物理示踪法得出牛拉犁导致的耕作侵蚀在复合坡凸部位置的耕作侵蚀占土壤侵蚀的 19.04%，而在凹部位置的耕作侵蚀约占总土壤侵蚀的 42.93%。苏正安等人（2006）运用磁性示踪技术测定了我国川中丘陵区锄耕导致的耕作侵蚀，结果表明，在坡度为 16.6%～25.1%的坡耕地，耕作侵蚀速率为 21.67～63.07 t • ha^{-1} • $year^{-1}$，占总土壤侵蚀速率的 42.27%～45.65%。而在坡度 35.6%的坡耕地，耕作侵蚀速率为 54.04 t • ha^{-1} • $year^{-1}$，大约占总土壤侵蚀速率的 84%。对于长坡（110m）、中坡（40m）和短坡（20 m）来说，耕作侵蚀速率对总土壤侵蚀速率的贡献率大约为 12%、27%和 52%（Su et al.，2010）。

许多研究表明，耕作侵蚀强度已经超过了研究区的土壤容许水平（Lindstrom et al.，1992；Govers et al.，1996）。Zhang 等人（2004b）通过模拟耕作实验得出，如果按照正常耕作，短期耕作（5 年）就可使坡顶位置浅薄的土层完全裸露。

表 1.2 关于耕作侵蚀与水力侵蚀对总土壤侵蚀贡献率的研究

Table 1.2 Comparison of tillage and water erosion rates, available in or calculated from the literature

数据来源	研究区域	耕作侵蚀速率 /t・ha^{-1}・$year^{-1}$	水力侵蚀速率 /t・ha^{-1}・$year^{-1}$	二者比值
机械化耕作区				
St Gerontidis et al.，2001	希腊	23	1	23
Tsara et al.，2001	希腊	4～18	2	＞15
Van Oost et al.，2003a	比利时	10		5
Lobb et al.，1995	加拿大	54		2.3
Poesen et al.，1997	西班牙	40～60		10
Kosmas et al.，2001	希腊			≫1
Quine et al.，2003	新西兰	19		≫1
Quine and Zhang，2002	英国			≫1
Quine et al.，1997	比利时			＞1
Govers et al.，1996	英国			＞1
Montgomery et al.，1997	美国			＞1
Govers et al.，1994	比利时			1
Van Oost et al.，2000a	比利时	8.7	9.2	0.9
Schuller et al.，2003	智利			0.5～1.2

续表

数据来源	研究区域	耕作侵蚀速率 /t・ha^{-1}・year^{-1}	水力侵蚀速率 /t・ha^{-1}・year^{-1}	二者比值
Dabney et al., 1999	美国	81		0.3～1.5
Lobb and Kachanoski, 1999	加拿大			0.2～1
Basher and Ross, 2002	新西兰			0.15
非机械化耕作区				
Thapa et al., 1999a	菲律宾	106～601		2.7
Quine et al., 1999b	莱索托	19	14	1.4
Quine et al., 1999b	津巴布韦	2.9	2.5	1.2
Thapa et al., 2001	菲律宾			≫1
Rymshaw et al., 1997	委内瑞拉			≫1
Dercon et al., 2003	厄瓜多尔			＞1
Nyssen et al., 2001	埃塞俄比亚			1
Nyssen et al., 2000	埃塞俄比亚			1
Lewis and Nyamulinda, 1996	卢旺达	68		1
Li and Lindstrom, 2001	中国	16.9	17.9	0.9
Quine et al., 1999c	中国	14～55	10～29	0.5～5.5
Quine et al., 1999b	中国	18	34	0.5
Turkelboom et al., 1997	泰国	8～18	25～70	0.3
Li and Lindstrom, 2001	中国	8.8	47.5	0.2
Quine et al., 1997	中国			＜1
Zhang et al., 1998	中国			≪1

（4）耕作侵蚀主要影响因子研究。

耕作侵蚀速率可以看成耕作侵蚀力（T_E）和土壤景观易蚀性（L_E）的函数（Lobb et al., 1999；Lobb and Kachanoski, 1999；Van Muysen et al., 2006）：

$$E_t \approx f(T_E, L_E) \tag{1.7}$$

式中：

E_t 是耕作侵蚀速率；

T_E 是某一特定的景观内耕作侵蚀力；

L_E 为土壤景观易蚀性。

其中：

$$T_E \approx f(I_m, I_o, I_r) \tag{1.8}$$

$$L_E \approx f(I_t, I_f, I_s) \tag{1.9}$$

式中：

I_m 为耕作工具的特性（工具形状、宽度）；

I_o 为人为因子（耕作深度、速度、方向等）；

I_r 为耕作者对不同景观及土壤的响应；

I_t 为地形参数（坡度、坡面曲率）；

I_f 为农田形态参数（农田大小、形状）；

I_s 土壤的物理性质（土壤质地、含水量）。

影响耕作侵蚀的各因素之间并不是单独起作用的，而是相互作用，共同对耕作侵蚀产生影响。比如，每个耕作工具都有可以调节的耕作深度及耕作速度。另外，这些值也会有偏差，这应当根据耕作动力的大小及土壤的空间变异而定，尤其是在复合坡面地形的情况下。耕作方向则是由农民根据地形条件及坡耕地大小而决定的。土壤景观易蚀性（L_E）是一个较难控制的静态变量，大部分关于减少耕作侵蚀的研究都聚焦在减小耕作侵蚀力。在机械化耕作区，模板犁和凿型犁是两种主要的耕作工具；在非机械化耕作区，主要的耕作方式为锄耕及牛拉犁耕作。以下将对比这几种耕作方式下的耕作传输系数。

a. 模板犁

模板犁是机械化耕作区最常见的耕作工具，在耕作过程中，模板犁产生的土壤耕作位移方向主要包括沿着耕作方向与垂直于耕作方向。在实际的耕作中，农民通常采用两种耕作方式：①耕作方向沿着坡面最陡方向（顺坡与逆坡耕作交替进行），在此仅考虑顺坡方向的土壤位移；②沿着等高线耕作（等高耕作），在此仅考虑垂直于耕作方向下坡的土壤位移。

表 1.3 所示为机械化耕作区模板犁下的耕作传输系数（k），其中，9 个为等高耕作下的耕作传输系数，3 个为倾斜耕作下的耕作传输系数，20 个为顺坡—逆坡耕作下的耕作传输系数。耕作速度一般为 1.4～7.6 km • h^{-1}，耕作深度一般为 0.08～0.4 m。

表 1.3 机械化耕作区模板犁下的耕作传输系数（k）

Table 1.3 Comparison of tillage transport coefficient (k), available in or calculated from the literature for mouldboard tillage

数据来源	研究区域	耕作速度/km • h^{-1}	耕作深度/m	土壤容重/kg • m^{-3}	k/kg • m^{-1} • tillage pass^{-1}	耕作方向*
Lindstrom et al.，1992	美国	7.6	0.24	1350	363	等高耕作
Van Muysen et al.，2002a，2002b	比利时	4.9	0.26	1540	184	等高耕作
St Gerontidis et al.，2001	希腊	4.5	0.2	1420	134	等高耕作
St Gerontidis et al.，2001	希腊	4.5	0.3	1420	252	等高耕作
St Gerontidis et al.，2001	希腊	4.5	0.4	1420	360	等高耕作
De Alba，2001	西班牙	4.5	0.24	1370	164	等高耕作
Heckrath et al.，2006	丹麦	4.9	0.23	1529	49	等高耕作
Heckrath et al.，2006	丹麦	4	0.26	1490	132	等高耕作
Montgomery et al.，1999	美国	3.6	0.23	1310	109	等高耕作

续表

数据来源	研究区域	耕作速度/km・h^{-1}	耕作深度/m	土壤容重/kg・m^{-3}	*k*/kg・m^{-1}・tillage pass^{-1}	耕作方向*
Heckrath et al.，2006	丹麦	4.9	0.24	1555	281	倾斜耕作
Heckrath et al.，2006	丹麦	4.1	0.24	1449	239	倾斜耕作
Heckrath et al.，2006	丹麦	4.1	0.22	1423	137	倾斜耕作
Quine et al.，2003	新西兰	7	0.17	1350	324	顺坡—逆坡耕作
Lindstrom et al.，1992	美国	7.6	0.24	1350	330	顺坡—逆坡耕作
Govers et al.，1994	比利时	4.5	0.28	1350	234	顺坡—逆坡耕作
Van Muysen et al.，1999	西班牙	1.8	0.33	1070	245	顺坡—逆坡耕作
Van Muysen et al.，1999	西班牙	2.7	0.15	1650	85	顺坡—逆坡耕作
Van Muysen et al.，2002	比利时	5	0.25	1500	224	顺坡—逆坡耕作
Van Muysen et al.，2002	比利时	5.4	0.21	1560	169	顺坡—逆坡耕作
Lobb et al.，1995	加拿大	4	0.15	1350	184	顺坡—逆坡耕作
Lobb et al.，1999	加拿大	6.2	0.23	1350	346	顺坡—逆坡耕作
Revel and Guiresse，1995	法国	6.5	0.27	1350	263	顺坡—逆坡耕作
St Gerontidis et al.，2001	希腊	4.5	0.2	1420	153	顺坡—逆坡耕作
St Gerontidis et al.，2001	希腊	4.5	0.3	1420	383	顺坡—逆坡耕作
St Gerontidis et al.，2001	希腊	4.5	0.4	1420	670	顺坡—逆坡耕作
De Alba，2001	西班牙	4.5	0.24	1370	204	顺坡—逆坡耕作
Heckrath et al.，2006	丹麦	4.9	0.25	1517	200	顺坡—逆坡耕作
Heckrath et al.，2006	丹麦	6.3	0.26	1507	335	顺坡—逆坡耕作
da Silva et al.，2004	葡萄牙	3.7	0.39	1680	770	顺坡—逆坡耕作
Quine and Zhang，2004b	英国	5.9	0.21	1374	101	顺坡—逆坡耕作
Kosmas et al.，2001	希腊	4.5	0.18	1598	63	顺坡—逆坡耕作
Kosmas et al.，2001	希腊	4.5	0.25	1598	159.8	顺坡—逆坡耕作

尽管以上文献中所提到的耕作速度与耕作深度为平均值，但是其为研究耕作深度及耕作速度对耕作侵蚀的影响的研究提供了数据支持。通过总结可以得到耕作传输系数与土壤容重、耕作深度、耕作速度的非线性回归方程：

$$k = a\rho_{\mathrm{b}} D^{\alpha} V^{\beta} \tag{1.10}$$

式中：

k 为耕作传输系数（kg · m^{-1} · tillage pass^{-1}）；

ρ_{b} 为土壤容重（kg · m^{-3}）；

D 为耕作深度（m）；

V 为耕作速度（km · h^{-1}）；

a、α、β 为系数。

Van Muysen 等人（2002）通过模拟耕作试验也得出类似公式。这一公式表明耕作侵蚀在很大程度上受到耕作深度及耕作速度的影响。如果考虑耕作角度对耕作传输系数的影响，则耕作传输系数与其他影响因子之间的非线性回归方程为

$$k = a\rho_{\mathrm{b}} D^{\alpha} V^{\beta} T^{\gamma} \tag{1.11}$$

式中：

T 为耕作角度，当耕作方式为等高耕作时，T 取 1；当耕作方式为顺坡—逆坡耕作时，T 取 2；

a、α、β、γ 为系数。

在众多的影响因子中，耕作深度是最重要的影响因子，当耕作深度由 0.20 m 上升到 0.30 m 时，耕作传输系数增加了 141%（St Gerontidis et al.，2001）。许多研究表明，耕作深度的系数 α 的取值单位在 1～2（Van Muysen et al.，2002；Heckrath et al.，2006）。

耕作深度对模板犁耕作导致的耕作侵蚀的影响可以解释为：耕作深度越大，耕作过程中模板犁与土壤的接触面积就会越大，将会导致更多的土壤随着模板犁运动而运动。

与耕作深度相比较，耕作速度对耕作传输系数的影响作用相对较弱。当耕作速度从 3 km • h^{-1} 增加到 4 km • h^{-1} 时，耕作传输系数仅增加了 20%。许多研究得出耕作速度的系数β的取值约在 0.39～0.96（Van Muysen et al.，2002；Heckrath et al.，2006）。

等高耕作与顺坡—逆坡耕作导致的不同的土壤位移形态表明等高耕作有利于减少耕作侵蚀。

模板犁导致的耕作位移可以分为沿着耕作方向及垂直于耕作方向两部分，并且这两部分的位移都受坡度的影响（De Alba，2001；Quine and Zhang，2004a）。

Heckrath 等人（2006）分析了连续坡度对沿着耕作方向及垂直于耕作方向的土壤位移的影响，结果表明：等高耕作导致的耕作侵蚀最小，其次是倾斜耕作，而顺坡—逆坡耕作造成的侵蚀最为严重。

b. 凿型犁

与模板犁不同，关于凿型犁导致的耕作侵蚀及其主要影响因子的研究的报道相对较少。由于凿型犁的耕作深度普遍小于模板犁的耕作深度，因此凿型犁的耕作传输系数也要略小于模板犁的耕作传输系数（见表 1.4）。并且耕作传输系数与耕作深度及耕作速度之间的关系也可以用式（1.10）表示。其中，耕作深度对耕作传输系数的影响起主导作用，而耕作速度与耕作传输系数无显著相关关系（Van Muysen et al.，2000）。在坡度为 20%的凿型犁耕作下，顺坡—逆坡耕作时土壤侵蚀速率为 3.6～5.9 t • ha^{-1} • $year^{-1}$，等高耕作下耕作侵蚀速率为 1.5～2.6 t • ha^{-1} • $year^{-1}$（Poesen et al.，1997）。

表 1.4 机械化耕作区凿型犁下的耕作传输系数（k）

Table 1.4 Comparison of tillage transport coefficient (k), available in or calculated from the literature for chisel tillage

数据来源	研究区域	耕作速度/$km \cdot h^{-1}$	耕作深度/m	土壤容重/$kg \cdot m^{-3}$	k/$kg \cdot m^{-1} \cdot$ tillage $pass^{-1}$
Van Muysen et al.，2000	比利时	5.8	0.15	1560	225
Van Muysen et al.，2000	比利时	7.2	0.2	1250	545
Poesen et al.，1997	西班牙	2.3	0.16	1582	282
Poesen et al.，1997	西班牙	2.3	0.14	1582	139
Govers et al.，1994	比利时	4.5	0.15	1350	111
Lobb et al.，1999	加拿大	9.6	0.17	1580	275
Mech and Free，1942	美国	3.6	0.06	1155	13
Quine et al.，1999a	西班牙	2.2	0.19	1371	657
da Silva et al.，2004	葡萄牙	3.6	0.11	1600	75
da Silva et al.，2004	葡萄牙	3.4	0.19	1600	27

c. 锄耕或牛拉犁

在发展中国家非机械化耕作区，锄耕及牛拉犁耕作是最为常见的耕作方式。许多研究表明，锄耕在坡耕地耕作会导致严重的耕作侵蚀（Turkelboom et al.，1997；Zhang et al.，2004a、b；Zhang et al.，2009）。

Jia 等人（2017a）通过对比得出，与板式锄相比，二齿锄不仅可以适用于砾石含量高的砾石土，还能够有效地减少耕作侵蚀。Nyssen 等人（2000）指出，牛拉犁耕作也会产生严重的耕作侵蚀。

表 1.5 所示为非机械化耕作区不同耕作工具的耕作传输系数，可以看

出，非机械化耕作区的耕作传输系数为 30～250 kg · m^{-1} · tillage pass^{-1}。另外，非机械化耕作区的耕作传输系数显著小于机械化耕作区的耕作传输系数（对比表 1.2）。这种区别主要是由两者之间不同的耕作机制导致的，在机械化耕作区，耕作工具前进的动力来源于拖拉机；而在非机械化耕作区，耕作工具前进的动力主要来源于人力或畜力。

Thapa 等人（1999a）通过对比得出顺坡—逆坡耕作的方式导致的耕作侵蚀量大约是等高耕作的 1.27 倍，这一比值与非机械化耕作区类似。

表 1.5　非机械化耕作区不同耕作工具的耕作传输系数（*k*）

Table 1.5　Comparison of tillage transport coefficient (*k*), available in or calculated from the literature for non-mechanized agriculture

数据来源	研究区域	耕作工具	耕作深度/m	容重/kg · m^{-3}	*k*/kg · m^{-1} · tillage pass^{-1}	耕作方向（方式）
Nyssen et al.，2000	埃塞俄比亚	牛拉犁	0.08	1143	68	等高耕作
Thapa et al.，1999a	菲律宾	牛拉犁	0.2	730	76	等高耕作
Quine et al.，1999c	中国	牛拉犁	0.17	1300	31	等高耕作
Thapa et al.，1999b	菲律宾	牛拉犁	0.2	1000	119	等高耕作
Rymshaw et al.，1997	委内瑞拉	牛拉犁	0.2	1270	29	等高耕作
Thapa et al.，1999b	菲律宾	牛拉犁	0.2	1000	152	顺坡耕作
Quine et al.，1999c	中国	牛拉犁	0.17	1300	250	顺坡耕作
Turkelboom et al.，1999	泰国	锄头	0.085	1100	77	顺坡耕作
Kimaro et al.，2005	坦桑尼亚	锄头	0.05	1200	84～108	顺坡耕作
Zhang et al.，2004a	中国	锄头	0.22	1310	31（k_3）；141（k_4）	顺坡耕作
Zhang et al.，2004b	中国	锄头	0.22	1310	30（k_3）；139（k_4）	顺坡耕作

续表

数据来源	研究区域	耕作工具	耕作深度/m	容重/kg・m^{-3}	k/kg・m^{-1}・tillage pass^{-1}	耕作方向（方式）
Zhang et al.，2009	中国	锄头	0.17	1391	37（k_3）；118（k_4）	顺坡耕作
Zhang et al.，2009	中国	锄头	0.19	1391	17（k_3）；35（k_4）	顺坡不翻转耕作
Jia et al.，2017a	中国	二齿锄	0.16	1544	40（k_3）；78（k_4）	顺坡耕作

（5）耕作侵蚀对土壤性质及地形演化的影响研究。

耕作侵蚀会导致土壤在坡耕地范围内发生再分布，进而会对坡耕地地形的演化起到关键作用（Papendick and Miller，1977；Govers et al.，1999）。对于线性坡来说，耕作侵蚀会导致土壤在坡顶到中坡位置流失，而在下坡位置沉积，从而导致坡耕地坡度变小；对于复合坡来说，耕作侵蚀会导致土壤在凸部位置发生侵蚀，而在凹部位置发生沉积，从而复合坡逐渐向线性坡演化（Lindstrom et al.，1992；Govers et al.，1993；De Alba et al.，2004；Van Oost et al.，2004）。模拟耕作也证实在耕作侵蚀作用下侵蚀区海拔高度和土层深度逐渐减小，而沉积区的海拔和土层深度不断增大（Li et al.，2004；Zhang et al.，2008；Li et al.，2012）。

Papendick 和 Miller（1977）通过模拟实验得出，耕作导致土壤在田埂的上方积累，而在田埂的下方沿着顺坡方向土壤会被搬运。如果下坡位置的边界上有植物篱，则会有效地减弱径流对坡面的冲刷作用，经过长期耕作之后坡耕地会逐渐演化为水平台地（Dabney et al.，1999；Turkelboom et al.，1999）。Dercon 等人（2007）通过研究认为，耕作侵蚀会导致梯坡的地形发生明显的变化，长期耕作可使梯地演化成水平梯田。Nyssen 等人

（2000）指出，不到 10 年的时间里，土壤已经从石头梯坎的底部堆积至上部，坡面的坡度减缓。

如表 1.6 所示，耕作侵蚀导致坡耕地土壤再分布的同时也会伴随着土壤性质的变化（Govers et al.，1999），耕作侵蚀的搬运作用会导致侵蚀区土层的土壤质量降低，而在沉积区土壤质量则会相应提高（Tsapa et al.，2001；Li and Lindstrom，2001；Li et al.，2004）。长期（10 年）的免耕措施可以使土壤容重增大，同时长期免耕还可以显著增加土壤的团聚体的含量，进而会使土壤的总孔隙度降低（Chang and Lindwall.，1989，1990，1992；Horme et al.，1992；Wang et al.，2015）。Mahboubi 等人（1993）在美国俄亥俄州同样发现长期（28 年）耕作会导致土壤的团聚体含量降低，与此同时，土壤的孔隙度也在降低（radii < 14 mm）。耕作在降低土壤水分传输的孔隙度含量的同时也会破坏蚯蚓的通道（Drees et al.,1994）。

表 1.6　耕作侵蚀对土壤物理性质、化学和生物性质的影响

Table 1.6　Tillage erosion impacts on soil properties

物理性质		化学和生物性质	
减少指标	增加指标	减少指标	增加指标
水分传输速率	黏粒含量	营养元素	$CaCO_3$ 含量
水分和热通量	土壤容重	有机质含量	
团聚体	传统阻力	阳离子交换量	
	砾石含量	盐基饱和度	
		微生物活度	
		地上生物量	

也有研究表明，耕作可以使土壤总孔隙度和大孔隙在短时间内显著增加，同时土壤容重在短时间内则会显著降低（Pierce et al.，1994）。

大量的研究表明，耕作侵蚀与土壤中碳、氮、磷、砾石含量及生物量有显著的相关关系（Van Oost et al.，2000b；Kosmas et al.，2001；Quine and Zhang，2002；Li et al.，2004；Heckrath et al.，2005；Ni and Zhang，2007）。

耕作侵蚀在坡耕地范围内发挥类似于传送带的作用，将土壤从上坡位置传送至下坡位置。耕作侵蚀会导致耕层土壤的有机质含量减少，土壤容重增加；亚表层的土壤有机质增加，土壤容重减少（Agus et al.，1997；Dabney et al.，1999；Li et al.，2004）。长期的耕作还会导致复合坡的凸坡位置土层变薄，砂砾含量增加，黏粒含量降低；而在凹坡位置土层变厚，黏粒含量变高（Kosmas et al.，2001）。

耕作侵蚀会对除交换态磷外的土壤性质产生显著的影响，然而水力侵蚀则对这些土壤分离指标无显著影响（Quine et al.，2002）。耕作的混合作用会将土壤母岩中的 $CaCO_3$ 挖掘并混入表层土壤，而表层土壤中 $CaCO_3$ 含量的变化可以很好地表征坡耕地土壤侵蚀的过程（De Alba et al.，2004；Jia et al.，2017b）。Papiernik 等人（2005）在美国的明尼苏达州的研究发现，长期的耕作侵蚀会导致土壤母岩中的 $CaCO_3$ 被不断地混入耕层，进而导致耕层土壤 pH 值增大及有机质含量减少；而长期的耕作侵蚀导致的土壤堆积区域表层 $CaCO_3$ 含量降低，进而导致 pH 值降低，土壤中有机质含量增加。

在中国黄土丘陵沟壑区，耕作侵蚀会导致土壤中碱解氮、速效钾、有机质的含量及阳离子交换量在侵蚀区呈减少趋势，而在耕作堆积区则呈增加趋势（王占礼等，2002）。在黄土高原连续 50 次牛拉犁耕作可以使得坡耕地上部到中部平均有机质的含量从 8.28 $g \cdot kg^{-1}$ 降低到 3.59 $g \cdot kg^{-1}$，碱解氮的含量从 43.39 $mg \cdot kg^{-1}$ 降低到 17.39 $mg \cdot kg^{-1}$，交换态磷的含量从 4.48 $mg \cdot kg^{-1}$ 降低到 0.99 $mg \cdot kg^{-1}$。

耕作侵蚀会导致坡耕地景观范围内的土壤有机碳的空间分布发生变异，使得土壤有机碳的浓度在土壤侵蚀区显著低于土壤沉积区（Pennock et al.，1994；Heckrath et al.，2005；Quine and Zhang，2002；Papiernik et al.，2005；Li et al.，2006；Zhang et al.，2006a、b）。

（6）耕作侵蚀与水力侵蚀的交互作用。

水力侵蚀和耕作侵蚀是坡耕地土壤侵蚀的两种最主要的形式，并且两者之间互相影响，共同加速坡耕地土壤的侵蚀及土地的退化。耕作侵蚀对水力侵蚀具有双重的作用：一方面，耕作侵蚀可以显著增加土壤的入渗作用，进而在一定程度上减弱水力侵蚀；另一方面，耕作侵蚀会使土壤变得疏松，增加土壤的分离能力，从而加剧水力侵蚀的发生。

在植物篱的拦截作用下，耕作侵蚀导致的土壤在下坡位置大量累积，进而达到降低坡度的目的，从而在一定程度上减少了水力侵蚀（Paningbatan et al.，1995；Garrity et al.，1996）。

对于砾石土来说，耕作侵蚀改变了砾石在坡面的分布，使得窄谷地带土壤紧实度降低、蒸发量减少、土壤透水性增加，从而在一定程度上减少了径流，进而减少了水力侵蚀。

Kosmas 等人（2001）在希腊通过大量的耕作试验对耕作侵蚀下水力侵蚀的作用机制进行了研究，结果表明，耕作侵蚀发生严重的上坡位置的土壤不断变薄，从而导致土壤的蓄水能力降低，促进了坡面径流的产生，进而加剧了水力侵蚀的发生。

一方面，耕作侵蚀改变了耕层土壤的理化性质，削弱了土壤的抗蚀性；另一方面，在耕作过程中，由于耕作侵蚀的搬运作用，土壤被从上坡位置搬运到下坡位置，间接地促进了水力侵蚀的发展（Lobb et al.，1995；Zhang et al.，2013）。

在地中海地区的一些研究表明，耕作可以显著增加土壤水分的入渗能力，导致径流不断减少，从而可以减少水力侵蚀（Abrisqueta et al.，2007）。在一些地区，坡耕地在耕作侵蚀的作用下逐渐演化成为水平台地，从而减弱水力侵蚀作用（Dercon et al.，2007）。

1.3 研究内容与预期目标

1.3.1 主要研究内容

本研究采用模拟耕作、磁性示踪技术建立耕作侵蚀模型，研究横断山区的典型代表东川砾石土区及元谋坡耕地区的耕作侵蚀量，并得出横断山区耕作侵蚀强度分级标准，通过探索地形因子及人为因子对耕作侵蚀的影响，进一步得出在不同的耕作侵蚀强度下各因子的临界值。运用 WEPP 模拟不同的耕作侵蚀强度对水力侵蚀强度的影响，研究耕作侵蚀对水力侵蚀的作用机制，得出耕作年限的临界值。主要研究内容如下。

（1）横断山区耕作侵蚀强度分级标准制定。

利用模拟耕作与磁性示踪技术结合的方法，研究东川砾石土区坡度范围为 0.0522～0.7489 $m \cdot m^{-1}$ 的 21 个坡面的耕作侵蚀量，以及元谋坡耕地区四种不同耕作深度（0.05 m、0.10 m、0.15 m、0.20 m）下坡度范围为

0.0874～0.5773 m·m^{-1} 的 9 个坡面的耕作侵蚀量，揭示耕作侵蚀引起的土壤侵蚀状况。通过耕作侵蚀引起的土壤侵蚀速率制定横断山区的耕作侵蚀强度分级标准。

（2）地形因子临界值确定。

a. 坡度因子对耕作侵蚀的影响及坡度因子临界值确定

研究在坡度因子影响下线性坡耕作侵蚀导致的土壤位移的变化情况，重点分析坡度因子在耕作侵蚀中发挥的作用，通过计算耕作传输速率及耕作侵蚀速率等指标来反映坡度因子对耕作侵蚀的影响，确定不同耕作侵蚀强度下坡度因子的临界值。

b. 坡长因子对耕作侵蚀的影响及坡长因子临界值确定

根据耕作侵蚀速率计算公式得出坡长因子影响下线性坡耕作侵蚀速率的变化情况，从而确定不同耕作侵蚀强度下坡长因子的临界值。

（3）人为因子临界值确定。

a. 耕作深度因子对耕作侵蚀的影响及耕作深度因子临界值确定

通过研究不同耕作深度下（0.05 m、0.10 m、0.15 m、0.20 m）的耕作传输系数（k_3 与 k_4）与坡度之间的关系，从而建立耕作传输速率与耕作深度及坡度之间的关系，得出耕作深度与坡度共同影响下的耕作侵蚀速率的变化情况。根据耕作侵蚀强度分级标准得出不同耕作侵蚀强度下的耕作深度因子的临界值。

b. 耕作角度因子对耕作侵蚀的影响及耕作角度因子临界值确定

对比顺坡耕作与斜向下耕作（45° 耕作）导致的耕作侵蚀差异，分析等高耕作（90° 耕作）、斜向上耕作（135° 耕作）、逆坡耕作（180° 耕作）下土壤顺坡位移及土壤逆坡位移的差异，得出耕作位移与坡度及耕作角度之间的关系；通过计算坡度与耕作角度共同作用下的耕作传输速率及耕作侵蚀速率的变化情况，得出不同耕作侵蚀强度下的耕作角度因子的临界值。

（4）耕作年限临界值确定。

a. WEPP 数据库建立及验证

运用实测的气象数据及土壤数据等建立 WEPP 运行所需要的气象数据库、地形数据库、土壤数据库及作物管理数据库。将模拟数据与实测数据对比，对 WEPP 的适用性进行验证。

b. WEPP 模拟耕作侵蚀对水力侵蚀影响

运用 WEPP 模拟坡度分别为 5°、10°、15° 和 25° 的坡耕地的土层深度在耕作侵蚀的作用下的变化情况对坡面水力侵蚀的影响，从而确定不同坡度的坡耕地耕作年限的临界值。

1.3.2 预期目标

本研究选择坡耕地为研究对象，采用磁性示踪技术、模拟耕作及 WEPP 相结合的方式，确定该区不同坡度坡耕地的耕作侵蚀强度分级标准及其主要影响因子的临界值，确定该区坡耕地不同水力侵蚀强度下的耕作年限的临界值，为研究该区坡耕地耕作侵蚀产生条件建立更多理论基础，也为当地农业生产和水土保持工程建设决策提供参考依据。具体研究以下问题。

（1）通过模拟耕作确定横断山区坡耕地耕作侵蚀分布规律，制定横断山区耕作侵蚀强度分级标准。

（2）通过一系列的模拟耕作试验得出不同影响因子共同作用对耕作侵蚀的影响，揭示该区不同耕作侵蚀强度下各影响因子的临界值。

（3）运用 WEPP 模拟不同的耕作年限导致的土壤在坡面分布状况对

水力侵蚀的影响，从而得出横断山区坡耕地耕作年限的临界值。

1.3.3 拟解决的关键科学问题

耕作侵蚀与水力侵蚀是横断山区坡耕地土壤侵蚀的两种主要形式，制定该区耕作侵蚀强度的分级标准，揭示各影响因子共同作用对耕作侵蚀速率的影响，为确定不同耕作侵蚀强度下不同影响因子的临界值提供理论依据。运用 WEPP 模拟不同耕作年限导致的土壤再分布格局对水力侵蚀的影响，可为坡耕地耕作年限临界值确定提供参考依据。本研究具体需要解决以下两个关键问题。

（1）通过研究横断山区耕作侵蚀分布格局及各影响因子共同作用对耕作侵蚀速率的影响，从而制定横断山区耕作侵蚀强度的分级标准，以及确定主要影响因子的临界值。

（2）耕作侵蚀导致土壤在坡耕地范围内再分布，主要为上坡位置土层变薄、下坡位置土层变厚，本研究运用 WEPP 模拟不同耕作年限导致的土壤在坡耕地内的再分布状况对水力侵蚀的影响，从而确定耕作年限的临界值。

1.3.4 创新点

（1）通过研究各影响因子共同作用对耕作侵蚀的影响，来对耕作侵蚀进行分级标准制定，在国内外的研究中尚未见报道。

（2）本研究首次运用 WEPP 模拟耕作侵蚀导致的土壤再分布对水力侵蚀的影响。

1.4 本书结构

本书共 7 章，各章主要研究内容如下。

第 1 章：绪论——主要介绍研究的背景与意义、国内外研究现状及本书的研究内容与创新点。

第 2 章：研究方法与试验方案——介绍研究区域概况、技术路线、试验方案设计、研究方法，以及主要统计方法。

第 3 章：横断山区耕作侵蚀强度分级标准制定——运用模拟耕作与磁性示踪技术结合得出横断山区坡耕地耕作侵蚀分布状况及变化规律，并以此为依据制定横断山区耕作侵蚀强度分级标准。

第 4 章：地形因子临界值确定——通过分析地形因子中的坡度及坡长因子对耕作侵蚀速率的影响，从而得出不同耕作侵蚀强度下坡度及坡长因子的临界值。

第 5 章：人为因子临界值确定——比较不同耕作角度下的土壤位移状况，得出耕作深度与坡度共同作用对耕作侵蚀的影响，以及耕作角度与坡度共同作用对耕作侵蚀的影响，从而得出不同耕作侵蚀强度下人为因子中耕作深度与耕作角度因子的临界值。

第 6 章：WEPP 模拟耕作年限对水力侵蚀影响——运用 WEPP 模拟不同的耕作年限导致的坡耕地范围内土壤再分布状况对水力侵蚀的影响，从而得出耕作年限的临界值。

第 7 章：结论与展望——总结本书主要的研究成果及结论，揭示本研究中存在的问题并提出下一步的研究目标。

第2章

研究方法与试验方案

2.1 研究区域概况

本研究选择横断山区坡耕分布广泛及土壤侵蚀最为强烈的两个典型区域作为研究对象：东川砾石土区和元谋燥红土区。

东川砾石土区位于云南省东北部，属于长江上游的金沙江支流流域。该区总面积约为 1858.79 km^2，海拔高度为 695～4344.1 m，其中 95%的面积为山地。气候为亚热带气候，平均气温为 14.9℃，极端最低气温为 −7.8℃，极端最高气温为 42℃。年降雨量约为 1000.5 mm，而年蒸发量约为 1856.4 mm。该区年日照时数约为 2327.5 h，无霜期约为 317 天。

元谋燥红土区位于滇中高原北部，海拔高度为 1000～2200 m，气候为典型的南亚热带季风气候，年平均气温为 21.9℃，其中，极端最高气温为 42℃，极端最低气温为−0.1℃。年降雨量约为 613.8 mm，其中 90%左右的降雨集中在 5—10 月，年日照时数约为 2670.4 h，终年无霜期。

由于以上两个研究区的坡耕地主要分布在陡坡，不利于大规模的机械化耕作方式，所以锄耕为这两个地区主要的耕作方式。

如表 2.1 所示，本研究在东川砾石土区选择 21 个不同坡度的坡耕地进行模拟耕作，各个坡面为线性坡。

表 2.1 东川砾石土区 21 个坡面土壤性质

Table 2.1 Soil property of 21 slopes in Dongchuan

坡度/ $m \cdot m^{-1}$	含水量/ %	土壤容重/ $kg \cdot m^{-3}$	有机质含量/ $g \cdot kg^{-1}$	砾石含量占比（>2 mm）/%	土壤颗粒组成/%		
					砂粒（2～0.02 mm）	黏粒（0.02～0.002 mm）	粉粒（< 0.002 mm）
0.0522	5.4	1460	3.67	43.68	41.89	55.53	2.58
0.0867	5.9	1561	1.51	45.42	54.49	41.94	3.57
0.1400	6.2	1570	2.95	56.39	42.20	54.55	3.25
0.1850	5.6	1660	2.89	64.62	43.80	53.32	2.88
0.2256	5.9	1600	2.11	72.77	44.66	52.36	2.98
0.2717	4.5	1644	1.55	61.03	49.00	47.81	2.19
0.3200	6.2	1386	1.81	46.60	55.99	42.00	2.01
0.3617	6.1	1306	1.79	59.24	59.69	38.83	1.48
0.4000	5.4	1530	3.31	57.13	59.96	37.95	2.09
0.4558	4.3	1578	1.26	59.15	37.87	55.53	6.60
0.4850	5.6	1530	2.59	47.80	59.96	37.94	2.10
0.5242	4.9	1644	3.78	72.04	51.32	44.93	3.75
0.5533	4.6	1618	4.07	62.77	48.12	49.45	2.43
0.6417	4.0	1627	2.82	75.32	43.84	52.55	3.61
0.6600	5.9	1542	1.97	58.74	47.27	49.48	3.25
0.6944	5.4	1447	2.99	56.73	48.23	49.40	2.37
0.7056	5.2	1479	4.02	61.77	48.67	49.22	2.11
0.7178	4.5	1413	2.74	54.56	45.27	50.75	3.98
0.7244	4.7	1277	3.36	57.34	53.22	45.12	1.66
0.7333	5.6	1140	2.52	50.46	49.16	49.31	1.53
0.7489	4.9	1350	2.74	48.74	42.03	54.71	3.26
平均值	5.3	1493	2.69	57.73	48.89	48.22	2.84
变异系数（%）	12.56	10.57	31.22	15.32	13.07	11.93	40.19

东川砾石土区 21 个坡面的土壤容重为 1140～1660 kg・m^{-3}，平均土壤容重为 1493 kg・m^{-3}，变异系数为 10.57%，这表明 21 个砾石土坡面之间土壤容重差距不大。

有机质含量为 1.26～4.02 g・kg^{-1}，平均值为 2.69 g・kg^{-1}，变异系数为 31.22%。

土壤平均含水量为 5.3%。

大于 2 mm 的砾石含量占比为 43.68%～75.32%，平均值为 57.73%。砂粒含量占比平均为 48.89%，黏粒含量占比平均为 48.22%，粉粒含量占比平均为 2.84%。

如表 2.2 所示，本研究在元谋燥红土区选择 9 个不同坡度的坡耕地进行模拟耕作，各个坡面为线性坡。

表 2.2　元谋燥红土区 9 个坡面土壤性质

Table 2.2　Site elements and soil properties in Yuanmou

坡度/m・m^{-1}	含水量/%	土壤容重/kg・m^{-3}	有机质含量/g・kg^{-1}	土壤颗粒组成/%		
				砂粒（2～0.02 mm）	黏粒（0.02～0.002 mm）	粉粒（< 0.002 mm）
0.0874	3.32	1453	5.11	69.44	29.47	1.09
0.1763	6.33	1391	6.13	80.99	18.47	0.54
0.2679	7.63	1417	5.30	75.21	24.07	0.72
0.3249	6.09	1518	4.77	77.95	21.39	0.66
0.3640	5.81	1410	4.09	70.86	28.07	1.07
0.4245	10.74	1275	4.79	69.40	29.19	1.41
0.4663	4.78	1350	5.13	71.77	27.15	1.08
0.5317	6.85	1428	8.33	68.07	30.18	1.75

续表

坡度/ $m \cdot m^{-1}$	含水量/%	土壤容重/ $kg \cdot m^{-3}$	有机质含量/ $g \cdot kg^{-1}$	土壤颗粒组成/%		
				砂粒（2～0.02 mm）	黏粒（0.02～0.002 mm）	粉粒（< 0.002 mm）
0.5773	4.90	1368	6.08	61.72	36.78	1.50
平均值	6.27	1401	5.53	71.71	27.20	1.09
变异系数/%	33.45	4.86	22.25	7.97	19.72	37.39

土壤容重为 1275～1518 $kg \cdot m^{-3}$，平均土壤容重为 1401 $kg \cdot m^{-3}$，变异系数为 4.86%，这表明 9 个坡面之间容重差距不大。

有机质含量为 4.09～8.33 $g \cdot kg^{-1}$，平均值为 5.53 $g \cdot kg^{-1}$，变异系数为 22.25%。

土壤平均含水量为 6.27%，砂粒含量占比平均为 71.71%，黏粒含量占比平均为 20.20%，粉粒含量占比平均为 1.09%。

2.2 技术路线与研究方法

选定一系列不同坡度的坡耕地作为研究对象进行模拟耕作试验，首先得出横断山区坡耕地耕作侵蚀的分布格局，然后以水力侵蚀分级标准为依据，制定横断山区耕作侵蚀分级标准，研究包括地形因子（坡度、坡长）及人为因子（耕作深度、耕作角度）在内的多因子共同作用对耕作侵蚀速率的影响，从而确定不同耕作侵蚀强度下的各个影响因子的临界值。

运用 WEPP 模拟不同耕作侵蚀强度造成坡耕地在不同程度的土壤再分布状况下的产沙状况，研究不同强度的耕作侵蚀对水力侵蚀的影响。技术路线如图 2.1 所示。

本研究采用的主要研究方法如下。

（1）资料收集与样地选择。首先，通过查阅文献了解国内外最新的研究进展；其次，选定研究样地，收集研究区的相关气象等资料；最后，完成第一次野外采样，测定样地的海拔、坡度和坡长等地形参数。

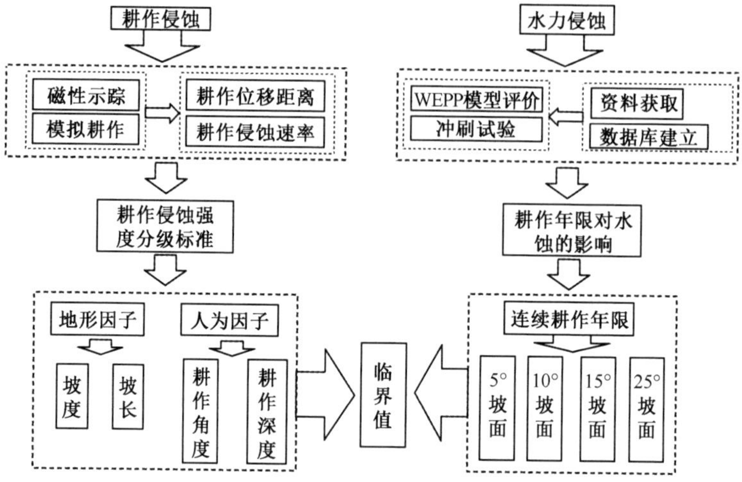

图 2.1 技术路线

Fig.2.1 The technical route

（2）模拟耕作试验。在选定的一系列坡度的坡耕地上进行模拟耕作试验，其中包括在东川砾石土区的 21 个坡面进行不控制耕作深度与耕作角度的模拟耕作试验，以及在元谋燥红土区的 9 个坡度的坡耕地进行 4 个耕作深度及 5 个耕作方向的模拟耕作试验，运用磁性示踪技术测定单次耕作导致的耕作位移，并计算出耕作侵蚀速率。

（3）WEPP 模拟。通过收集到的气象资料及测定的土壤特性可以建立运用 WEPP 所需要的气象、土壤、地形及作物管理数据库。并且运用 WEPP 中的分段工具，将坡面分成上坡和下坡两个部分，用上坡和下坡不同的土层深度来代表不同强度的顺坡导致的土壤在坡耕地范围的再分布情况。通过比较不同处理下的年产流量及年产沙量来比较不同耕作侵蚀强度对水力侵蚀的影响，从而得出耕作年限的临界值。

2.3　试验方案

2.3.1　模拟耕作试验

在东川砾石土区，由于该区土壤发育不完全及泥石流灾害的频发，导致砾石土的砾石含量占比较高，大约为 58%（Gee and Or，2002）。普通的锄头无法进行耕作，二齿锄在该研究区则得到广泛的应用。选择不同坡度的多个坡面，运用磁性示踪技术模拟一次耕作所导致的土壤位移，并通过耕作位移计算出耕作侵蚀速率。从而得出砾石土的耕作侵蚀速率在坡度变化下的分布规律。该模拟试验在 2015 年 5 月进行。在模拟耕作的各个坡面取一定的土壤样品，测定土壤容重、机械组成及有机质含量等指标。

在元谋燥红土区选定的 9 个不同的坡面上进行模拟耕作，其中包括 5 个耕作方向及 4 个耕作深度。该耕作模拟试验在 2016 年 4 月进行（见图 2.2）。图 2.3 所示为耕作方向示意图，以等高线为 X 轴，以沿坡面方向为 Y 轴

图 2.2　模拟耕作试验

Fig. 2.2　Simulated tillage experiments

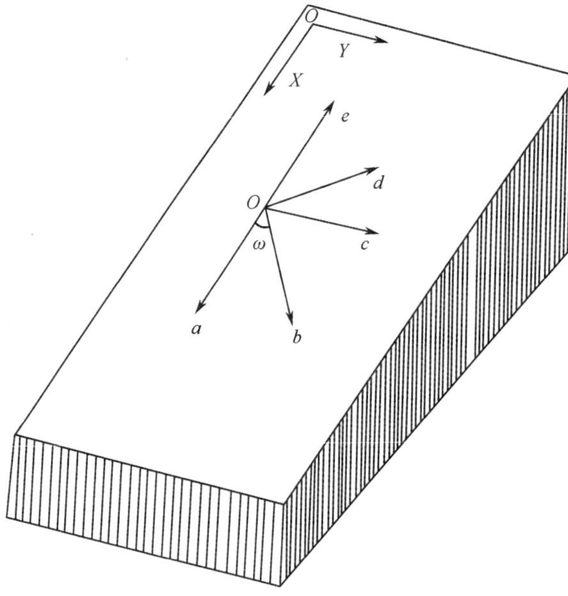

图 2.3　耕作方向示意图

Fig. 2.3　The map of tillage direction

建立坐标系。在耕作角度坐标系中，ω 为耕作角度值，则顺坡耕作为 0°，逆坡耕作为 180°，等高耕作为 90°，斜向下耕作为 45°，斜向上耕作为 135°。在实际生产中，顺坡耕作与等高耕作为两种最常见的耕作方式，而逆坡耕作、斜向上耕作与斜向下耕作这三种耕作方式在实际生产中不常见。为探索耕作角度对耕作侵蚀的影响，在本研究中所运用的 5 种耕作角度下，耕作侵蚀变化情况的模拟试验具有重要的现实意义。

耕作深度是影响耕作侵蚀的重要因素，但是在以往锄耕导致的耕作侵蚀的研究中，很少涉及关于耕作深度对耕作侵蚀的影响。而在计算耕作侵蚀速率时，所用到的耕作深度仅为多次耕作的平均值。这主要是因为人为挥动锄头耕作的不可控性，导致每次耕作的耕作深度无法固定。本研究中运用图 2.4 所示的方法，将阻挡物固定于锄刃一定位置，在每次耕作过程

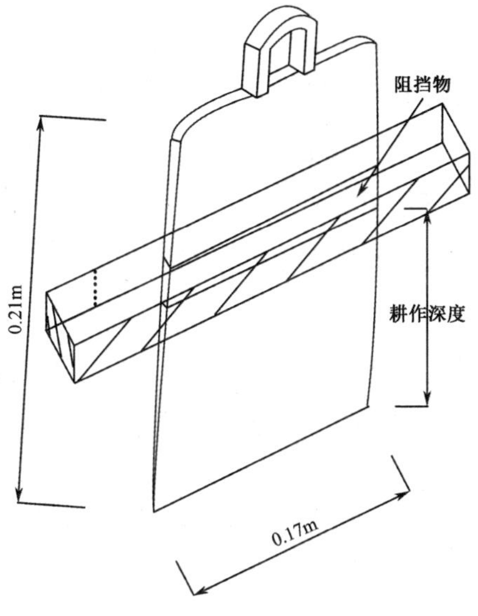

图 2.4 耕作深度确定示意图

Fig. 2.4 Description of the wide-blade hoe and available hoe blade

中农民按照锄刀的最大可用长度进行耕作，即可通过阻挡物在锄刀上的位置来确定耕作深度。一般情况下，该研究区的耕作深度约为 0.20 m。在本研究中，为探索耕作深度对耕作侵蚀的影响，设置 4 个耕作深度，分别为 0.05 m、0.10 m、0.15 m 和 0.20 m，并且都为顺坡耕作。

2.3.2 WEPP 模拟

长期的顺坡耕作导致上坡位置土壤向下坡位置移动，致使上坡位置的土层变薄，下坡位置的土层变厚。而下坡位置土壤被水力侵蚀逐渐搬运出坡耕地景观范围，因此，当下坡位置水力侵蚀强度小于耕作侵蚀强度时，下坡位置土壤堆积导致土层变厚。而当下坡位置水力侵蚀强度大于耕作侵蚀强度时，下坡位置土壤损失导致土层变薄。为了模拟耕作侵蚀导致的土壤在坡耕地范围内的再分布情况对水力侵蚀的影响，本研究利用 WEPP 中的分段功能将坡面水平分成上坡位置和下坡位置两段。以 10 m 坡长为例，上坡位置为 0～5 m，下坡位置为 5～10 m。在建立 WEPP 数据库及适用性验证的基础上，运用 WEPP 模拟坡度分别为 5°、10°、15° 和 25° 的坡耕地土壤再分布情况对水力侵蚀的影响。用上坡、下坡位置不同的土层深度代表不同耕作年限导致的土壤再分布情况，表土层以下为不透水层的母岩。运行 WEPP 得到年径流量及年产沙量随着耕作年限的变化情况，进而得出不同坡度坡耕地耕作年限的临界值。

2.4　试验内容与测定方法

2.4.1　耕作侵蚀速率计算

磁性示踪法是一种测定土壤耕作位移的方法，土壤耕作位移可转换成耕作侵蚀速率。与传统的物理示踪法相比较，磁性示踪法具有测定精度高、节省时间及便于操作等优点（Zhang and Li，2011）。

本研究中选择磁铁粉作为示踪剂，主要因为磁铁粉一般为细小的颗粒，比较容易附着在土壤上并且随土壤移动。垂直于顺坡方向建立示踪小区，其宽度为 1.0 m，长度为 0.20 m，深度为 0.05～0.20 m（根据耕作深度而定）。

首先用 SM-30 磁强仪测定研究区土壤背景磁强值，然后将示踪小区土壤挖出，将示踪剂（磁铁粉）与示踪小区土壤按照一定比例均匀混合。

利用磁化率仪测定混合土样的磁强值，将混合土样回填至示踪小区。

在回填的过程中用 4 块木板将混合土样与周围土壤分开，待混合土样全部回填后，踩实至原始土壤容重。然后将木板去掉，农民根据实验所要求的耕作深度与耕作方向进行模拟耕作。

一次模拟耕作完毕之后，将取样框从基线位置开始插入土壤，沿顺坡方向每隔 0.10 m 取样，取样框为长 0.50 m、宽 0.20 m、深 0.30 m 的金属框。

在取样过程中，选定一个长约 0.30 m、宽略小于 0.20 m 的金属板将相邻的两个取样区域的土样分开，以免相互影响。

将取出的土样放入塑料桶中均匀混合，然后运用 SM-30 磁强仪测定混合土壤的磁强值。

对于顺坡耕作（4 种耕作深度）和 45° 耕作模拟试验来说，农民从下坡位置向上坡位置耕作，导致示踪小区的混合土样在锄头的拉拽力作用下向下坡位置运动，所以取样位置应当顺着坡面方向，直到所取得的土样磁性值接近土壤的背景值为止（见图 2.5a）。

对于等高耕作、135° 耕作及逆坡耕作，示踪小区的混合土样在锄头的拉拽力及重力的共同作用下，有一部分混合土样沿着顺坡方向发生位移，而有一部分沿着逆坡方向发生位移。因此，取样位置应当分为沿逆坡方向及顺坡方向两个部分，直到所取得的土样磁性值接近土壤的背景值为止（见图 2.5b）。

耕作位移引起的土壤位移可依据测定的磁铁粉在坡面的重新分布来计算，依据 Lobb 等人（2001）及张建辉等人（2009）建立的土壤位移计算方式，向下耕作位移可由下列公式计算：

$$D_{\mathrm{d}}=\int_{0}^{L}\left(1-\frac{C(x)}{C(0)}\right)\mathrm{d}x \tag{2.1}$$

式中：

D_{d} 为土壤平均位移（m）；

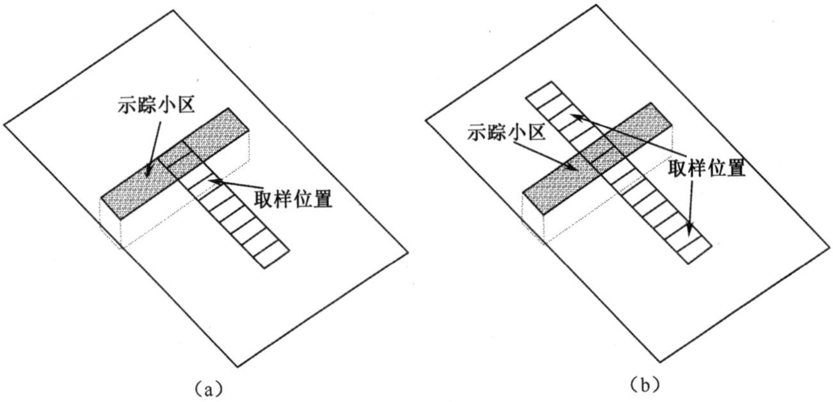

图 2.5　不同耕作方向取样对比

Fig. 2.5　Comparison of sampling under different tillage direction

$C(x)$ 为耕作后测得的磁性示踪剂强度（$\times 10^5$ SI），$C(0)$ 为耕作前示踪小区初始的磁性示踪剂强度（$\times 10^5$ SI）；

L 为采样的最大距离。

土壤传输量由与坡度相关的线性回归表达式予以计算：

$$Q_s = k_3 + k_4 S \tag{2.2}$$

式中：

Q_s 为耕作产生的土壤位移通量（kg • m^{-1} • tillage pass^{-1}）；

S 为坡度（m • m^{-1}）；

k_3 和 k_4 为耕作侵蚀传输系数（kg • m^{-1} • tillage pass^{-1}），传输系数通过以下公式测算：

$$k_3 = D_t \rho_b k_1 \tag{2.3}$$

$$k_4 = D_t \rho_b k_2 \tag{2.4}$$

式中：

D_t 为耕作层深度（m）；

ρ_b 为土壤容重（kg·m^{-3}）；

k_1 和 k_2 为位移系数（m）。

土壤平均位移与位移系数和坡度的关系为：

$$D_d = k_1 + k_2 S \tag{2.5}$$

耕作侵蚀速率计算公式为：

$$R = \frac{Q_s \cdot 10}{L_d} \tag{2.6}$$

式中：

R 为耕作侵蚀速率（Mg·ha^{-1}·tillage pass^{-1}）；

L_d 为坡长（m）。

2.4.2 耕作年限与土层厚度之间换算

耕作侵蚀导致坡耕地景观的变化主要表现为上坡土层深度不断变薄，如果不采取一些保护措施，连续多年的耕作会导致上坡位置的土层变薄，甚至母岩裸露。耕作侵蚀速率、耕作次数与土壤损失量的关系如下：

$$T = \frac{S_L}{R} \tag{2.7}$$

式中：

R 为耕作侵蚀速率（Mg·ha^{-1}·tillage pass^{-1}）；

T 为耕作次数；

S_L 为土壤损失量（t·ha^{-1}）。

土壤损失量可根据损失土壤体积与土壤容重计算得出：

$$S_L = \frac{10 \cdot \rho_b V_s}{A} \tag{2.8}$$

式中：

ρ_b 为土壤容重（kg • m^{-3}）；

V_s 为损失土壤体积（m^3）；

A 为坡耕地面积（m^2）。

耕作侵蚀的传输作用会导致坡耕地上坡位置的土壤不断向下坡位置移动，进而导致坡耕地上坡位置土层不断变薄，而下坡位置的土层不断增厚，若农民不采取一定的保护性耕作措施，则连续多年的耕作会造成坡耕地上坡位置的土层持续变薄。

本研究所得出的 0.20 m 耕作深度下的耕作侵蚀传输系数 k_3 和 k_4 分别为 38 kg • m^{-1} • tillage pass^{-1} 和 179 kg • m^{-1} • tillage pass^{-1}。通过以上公式可以将不同坡度及坡长的坡耕地在耕作一次后造成的耕作侵蚀的土壤损失量转化成上坡位置所损失的土层深度（见表 2.3）。可以看出，随着坡度的增加，单次耕作导致的上坡位置损失的土层深度逐渐增加。而随着坡长的增加，单次耕作导致的上坡位置损失的土层深度逐渐降低。

表 2.3　上坡位置单次耕作损失土层深度

Table 2.3　The depth of soil loss by a single tillage operation at the upper slope position

坡度/ m • m^{-1}	损失土层深度/cm				
	5 m 坡长	10 m 坡长	20 m 坡长	30 m 坡长	40 m 坡长
0.0874	1.53	0.77	0.38	0.26	0.19
0.1763	1.99	0.99	0.50	0.33	0.25

续表

坡度/ m·m^{-1}	损失土层深度/cm				
	5 m 坡长	10 m 坡长	20 m 坡长	30 m 坡长	40 m 坡长
0.2679	2.45	1.23	0.61	0.41	0.31
0.3249	2.75	1.37	0.69	0.46	0.34
0.3640	2.95	1.47	0.74	0.49	0.37
0.4245	3.25	1.63	0.81	0.54	0.41
0.4663	3.47	1.73	0.87	0.58	0.43
0.5317	3.80	1.90	0.95	0.63	0.48
0.5773	4.04	2.02	1.01	0.67	0.50

2.4.3 土壤性质测定

本研究中涉及的土壤性质及测定方法如表 2.4 所示，土壤有机质含量的测定采用重铬酸钾氧化法—外加热法，土壤容重的测定采用烘干法，土壤粒径的测定采用激光粒度仪法，阳离子交换量的测定采用中性乙酸氨法，pH 的测定采用电位测定法。

表 2.4 土壤性质及测定方法

Table 2.4 Soil elements and analysis method

土壤性质	测定方法
有机质	重铬酸钾氧化法—外加热法
土壤容重	烘干法
土壤粒径	激光粒度仪法（Mastersizer，2000）

续表

土壤性质	测定方法
土壤含水量	时域反射仪（TDR）法
阳离子交换量	中性乙酸氨法
pH	电位测定法

土壤含水量的测定采用时域反射仪（TDR）法，所用仪器为德国 TRIME-EZ 便携式土壤水分速测仪，该仪器由 TRIME-EZ 土壤水分传感器、TRIME-HD 读数表及采集软件组成，可方便、快速地测量土壤耕层（0～16.5 cm）的含水量，测量精度为±1%。为了减小土壤含水量测定误差，利用烘干法对仪器进行标定。依据烘干法测定的土壤含水量和土壤容重，计算标定样品的土壤体积含水率。

在土壤物理、水文学、农田水利学等学科中经常用土壤水贮量来表示土壤含水量，它是指土壤含水量占田间持水量的百分比。主要有两种表达方法，第一种是水深，指在一定厚度一定面积土壤中所含水量相当于相同面积水层的厚度，量纲为“L”；第二种是绝对水体积，即一定厚度一定面积土壤中所含水量的体积，量纲为“L^3”。在数量上，它可简单由水深与所测定水深的面积相乘得到，主要在灌溉和排水中用到这一参数。

在具体试验过程中，土壤水深在计算与使用过程中较为方便，可以通过下面公式进行计算：

$$D_w = 10 \cdot \theta_v h \tag{2.9}$$

式中：

D_w 为土壤水深（mm）；

θ_v 为土壤体积含水率（%）；

h 为土层厚度（cm）。

2.5 统计分析

利用 SPSS 中的相关分析、方差分析、回归分析等模块，分析土壤位移与坡度之间的关系，通过独立样本 T 检验分析不同耕作深度、不同耕作角度下耕作位移的差异。除此之外，利用 Sigmaplot、Matlab、Excel 等软件进行统计分析与画图。

第3章

横断山区耕作侵蚀强度分级标准制定

水力侵蚀和耕作侵蚀是坡耕地土壤侵蚀的两种主要形式，水利部早在2007年颁布的《土壤侵蚀分类分级标准》中就有关于水力侵蚀、风力侵蚀及冻融侵蚀的分类分级标准。近年来，国内对于耕作侵蚀的关注度不断上升，相关研究也越来越多。因此，关于耕作侵蚀的分类分级标准的更为成熟的研究也成了亟待解决的问题。

本书选取横断山区两个具有典型代表的研究区：东川砾石土区和元谋燥红土区，运用磁性示踪技术和模拟耕作相结合的方法测定耕作所导致的耕作位移。

其中，在东川砾石土区，选择坡度在0.0522～0.7489 m • m^{-1} 的21个坡面进行模拟耕作试验；而在元谋燥红土区，则选择坡度在0.0874～0.5773 m • m^{-1} 的9个坡面下的0.05m、0.10m、0.15m和0.20 m不同耕作深度进行模拟耕作试验。

模拟耕作之后测定沿耕作方向的土壤磁性值，从而计算磁性示踪小区的位移，根据所测定的耕作深度及土壤容重等指标，计算出两种典型土壤在不同坡度范围、不同耕作深度的耕作侵蚀速率，并以此为依据制定横断山区耕作侵蚀强度的分类分级标准。

3.1 东川砾石土区耕作侵蚀

砾石土是横断山区分布广泛的典型土壤，它具有砾石含量高、土壤容重大、有机质含量低等特点，其中砾石含量平均值为58%，由于大量砾石的阻挡作用，普通的锄头很难对砾石土进行耕作。所以，二齿锄的特殊二齿构造导致其在研究区被广泛应用于砾石土的耕作上。由于在砾石土中阻挡二齿锄向下耕作的大块砾石在各个深度分布的随机性及二齿锄的特殊构造导致在耕作过程中很难固定同样的耕作深度进行研究，因此，对于二齿锄导致的砾石土耕作侵蚀而言，无法进行一系列的耕作深度对耕作侵蚀的影响的研究。所以在试验中，通过测定每个坡度的耕作深度并取平均值来计算耕作侵蚀速率。

在 0.0522～0.7489 $m \cdot m^{-1}$ 坡度范围内，砾石土耕作位移与坡度之间的关系如图 3.1 所示。由于砾石土坡耕地分布的坡度范围比较广，在超过该区砾石土的休止角的坡耕地上依然有坡耕地的分布，所以线性方程不足以描述耕作位移与坡度之间的关系，故本研究中用指数方程来表达耕作位移与坡度之间的关系：

$$D_{\mathrm{d}} = 0.1318\mathrm{e}^{1.9650S} \tag{3.1}$$

式中：

D_{d} 为耕作位移（m）；

S 为坡度（m・m⁻¹）。

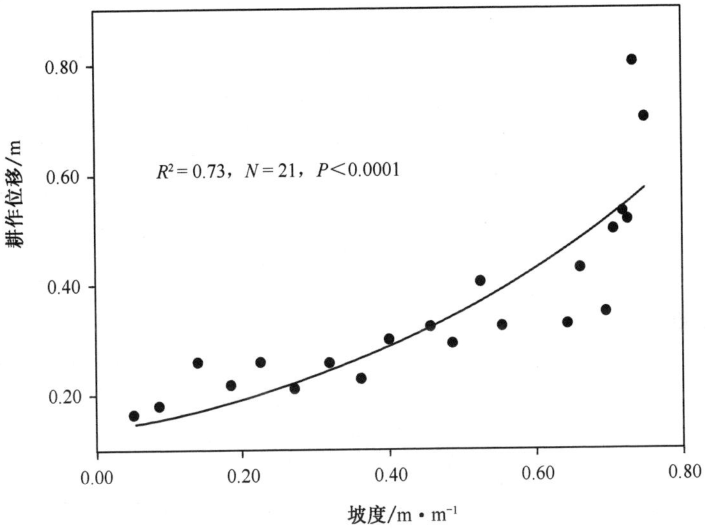

图 3.1　砾石土耕作位移与坡度之间的关系

Fig. 3.1　Mean downslope displacement vs. slope gradient for gravelly soils

表 3.1 所示为砾石土耕作侵蚀速率分布，砾石土的土壤容重为 1141～1660 kg・m^{-3}，平均值为 1493 kg・m^{-3}，变异系数为 9.34%。由于砾石土中大块砾石含量较高，在耕作过程中对耕作工具进入土壤有很强的阻挡作用，所以砾石土耕作深度为 0.13～0.17 m，平均值为 0.16 m，变异系数为 6.77%。

砾石土的耕作位移为 0.1653～0.8673 m，平均值为 0.3612 m，变异系数为 46.51%。耕作侵蚀速率则为 44.07～160.95 Mg・ha^{-1}・tillage pass^{-1}，平均值为 83.94 Mg・ha^{-1}・tillage pass^{-1}，变异系数为 37.54%。

表 3.1 砾石土耕作侵蚀速率分布

Table 3.1 Soil translocation, tillage erosion rates and relevant data for gravelly soils

坡度/m・m^{-1}	耕作位移/m	耕作深度/m	土壤容重/kg・m^{-3}	耕作传输速率/kg・m^{-1}・tillage pass^{-1}	耕作侵蚀速率①/Mg・ha^{-1}・tillage pass^{-1}
0.0522	0.1653	0.17	1460	44.07	44.07
0.0867	0.1805	0.17	1561	46.76	46.76
0.1400	0.2600	0.16	1570	50.92	50.92
0.1850	0.2185	0.17	1660	54.43	54.43
0.2256	0.2597	0.17	1600	57.60	57.60
0.2717	0.2115	0.13	1644	61.19	61.19
0.3200	0.2582	0.17	1386	64.96	64.96
0.3617	0.2296	0.17	1306	68.21	68.21
0.4000	0.3000	0.17	1530	71.20	71.20
0.4558	0.3242	0.16	1578	75.55	75.55
0.4850	0.2925	0.14	1530	77.83	77.83
0.5242	0.4035	0.17	1644	80.89	80.89
0.5533	0.3244	0.16	1618	83.16	83.16

续表

坡度/ $m \cdot m^{-1}$	耕作位移/m	耕作深度/m	土壤容重/ $kg \cdot m^{-3}$	耕作传输速率 /$kg \cdot m^{-1} \cdot$ tillage $pass^{-1}$	耕作侵蚀速率[①] /$Mg \cdot ha^{-1} \cdot$ tillage $pass^{-1}$
0.6417	0.3277	0.17	1627	90.05	90.05
0.6600	0.4292	0.17	1542	91.48	91.48
0.6944	0.3491	0.16	1447	94.17	94.17
0.7056	0.4988	0.16	1479	118.04	118.04
0.7178	0.5310	0.15	1413	112.55	112.55
0.7244	0.5167	0.17	1277	112.17	112.17
0.7333	0.8037	0.16	1140	146.59	146.59
0.7489	0.7013	0.17	1350	160.95	160.95
平均值	0.3612	0.16	1493	83.94	83.94
变异系数/%	46.51	6.77	9.34	37.54	37.54

①以坡长为 10 m 计算。

3.2 元谋燥红土区耕作侵蚀

对比东川砾石土区的石质土，元谋燥红土区的土壤则为泥质土。该研究区常用的锄头的长度约为 0.21 m，农民在耕作的时候一般的耕作深度在 0.20 m 左右，因此可以用 0.20 m 代表该研究区的普遍耕作深度。

浅耕是一种重要的耕作方式，可以用 0.05 m 耕作深度作为浅耕的代表深度。

为研究不同耕作深度下耕作侵蚀速率的状况，将该研究区普遍耕作深度的一半，即 0.10 m 作为一个耕作深度的代表。

为进一步确定耕作深度下耕作侵蚀状况，在 0.10 m 和 0.20 m 耕作深度之间取中间值作为一个代表深度进行模拟耕作试验，即 0.15 m 耕作深度。

基于以上分析，本研究选定 0.05m、0.10m、0.15m 和 0.20 m 四种耕作深度作为代表，研究元谋燥红土区耕作侵蚀强度的分布状况。

在四种耕作深度下，耕作位移与坡度之间的关系如图 3.2 所示。

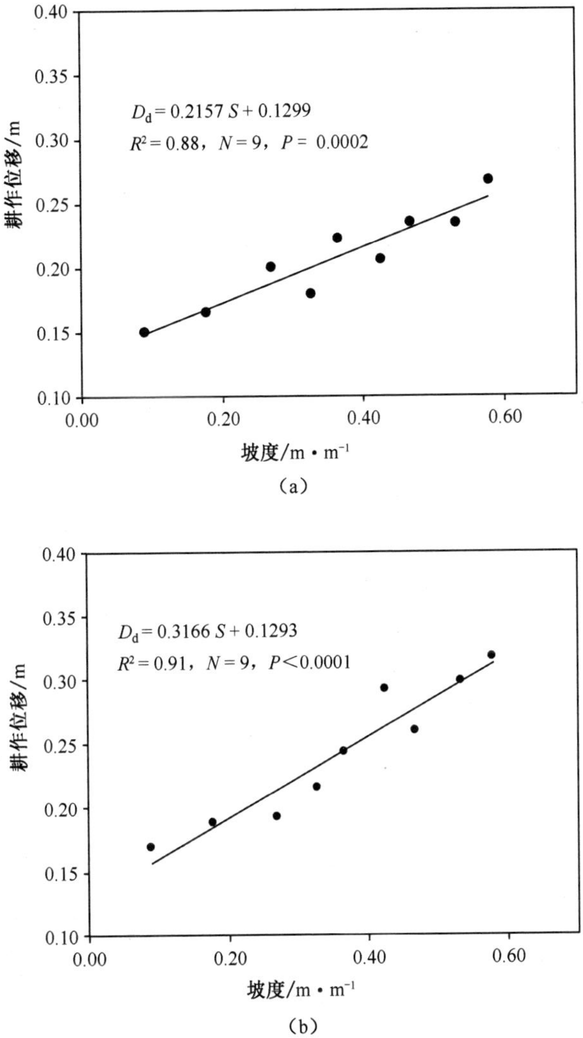

图 3.2　耕作位移与坡度之间的关系

（a）0.05 m 耕作深度；（b）0.10 m 耕作深度

Fig. 3.2　Mean downslope displacement vs. slope gradient for different tillage depths

(a) 0.05 m, (b) 0.10 m

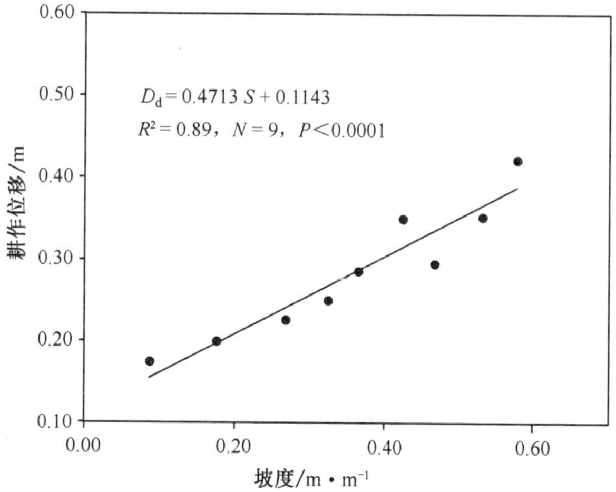

（c）

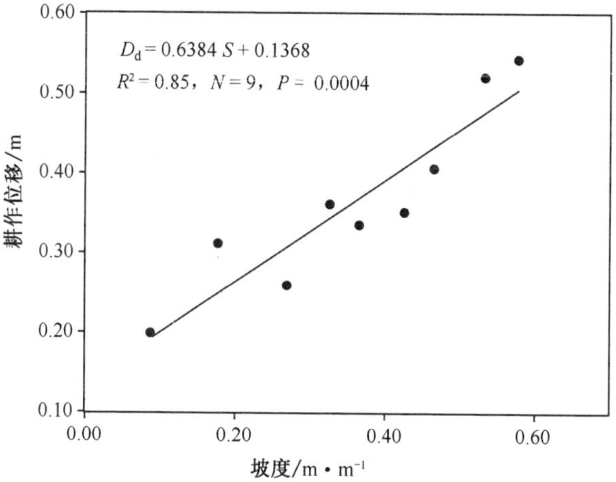

（d）

图 3.2　耕作位移与坡度之间的关系（续）

（c）0.15 m 耕作深度；（d）0.20 m 耕作深度

Fig. 3.2　Mean downslope displacement vs. slope gradient for different tillage depths

(c) 0.15 m, (d) 0.20 m

在四种不同的耕作深度下，耕作位移都与坡度呈显著的正相关关系（$P<0.01$）。耕作位移与坡度之间的关系可分别用下式表示：

（a） $D_d = 0.2157S + 0.1299$ （3.2）

（b） $D_d = 0.3166S + 0.1293$ （3.3）

（c） $D_d = 0.4713S + 0.1143$ （3.4）

（d） $D_d = 0.6384S + 0.1368$ （3.5）

式中：

D_d 为耕作位移（m）；

S 为坡度（$m \cdot m^{-1}$）。

式（3.2）至式（3.5）分别对应 0.05m、0.10m、0.15m、0.20m 耕作深度。

通过以上不同耕作深度下耕作位移与坡度之间的线性关系式可以看出，在耕作工具一定的情况下，对于顺坡耕作来说，坡度是影响耕作位移的重要因子。

表 3.2 所示为不同耕作深度下的耕作位移及耕作侵蚀速率。

在 0.05 m 耕作深度下，耕作位移为 0.1510～0.2675 m，平均值为 0.2017 m，变异系数为 17.95%。

在 0.10 m 耕作深度下，耕作位移为 0.1701～0.3179 m，平均值为 0.2426 m，变异系数为 22.13%。

在 0.15 m 耕作深度下，耕作位移为 0.1742～0.4212 m，平均值为 0.2829 m，变异系数为 28.45%。

在 0.20 m 耕作深度下，耕作位移为 0.1982～0.5432 m，平均值为 0.3652 m，变异系数为 30.90%。

表 3.2 不同耕作深度下的耕作位移及耕作侵蚀速率

Table 3.2 Soil translocation, tillage erosion rates and relevant data for different tillage depths

坡度/ $m \cdot m^{-1}$	0.05 m 耕作深度			0.10 m 耕作深度			0.15 m 耕作深度			0.20 m 耕作深度		
	D_d/m	Q_s/ $kg \cdot m^{-1} \cdot tillage\ pass^{-1}$	R①/ $Mg \cdot ha^{-1} \cdot tillage\ pass^{-1}$	D_d/m	Q_s/ $kg \cdot m^{-1} \cdot tillage\ pass^{-1}$	R①/ $Mg \cdot ha^{-1} \cdot tillage\ pass^{-1}$	D_d/m	Q_s/ $kg \cdot m^{-1} \cdot tillage\ pass^{-1}$	R①/ $Mg \cdot ha^{-1} \cdot tillage\ pass^{-1}$	D_d/m	Q_s/ $kg \cdot m^{-1} \cdot tillage\ pass^{-1}$	R①/ $Mg \cdot ha^{-1} \cdot tillage\ pass^{-1}$
0.0874	0.1510	10.31	10.31	0.1701	21.85	21.85	0.1742	32.65	32.65	0.1982	53.64	53.64
0.1763	0.1659	11.65	11.65	0.1884	25.76	25.76	0.1989	41.45	41.45	0.3113	69.56	69.56
0.2679	0.2007	13.02	13.02	0.1932	29.79	29.79	0.2247	50.52	50.52	0.2592	85.95	85.95
0.3249	0.1800	13.87	13.87	0.2164	32.30	32.30	0.2484	56.17	56.17	0.3611	96.16	96.16
0.3640	0.2228	14.46	14.46	0.2444	34.02	34.02	0.2844	60.04	60.04	0.3359	103.16	103.16
0.4245	0.2063	15.37	15.37	0.2927	36.68	36.68	0.3490	66.03	66.03	0.3517	113.99	113.99
0.4663	0.2349	15.99	15.99	0.2605	38.52	38.52	0.2936	70.16	70.16	0.4058	121.47	121.47
0.5317	0.2349	16.98	16.98	0.2994	41.40	41.40	0.3518	76.64	76.64	0.5205	133.17	133.17
0.5773	0.2675	17.66	17.66	0.3179	43.40	43.40	0.4212	81.15	81.15	0.5432	141.34	141.34
平均值	0.2071	14.37	14.37	0.2426	33.75	33.75	0.2829	59.42	59.42	0.3652	102.05	102.05
变异系数/%	17.95	16.91	16.91	22.13	21.12	21.12	28.45	26.99	26.99	30.90	28.41	28.41

注：D_d 为耕作位移；Q_s 为耕作传输速率；R 为耕作侵蚀速率；①耕作侵蚀速率计算以 10 m 坡长为标准。

随着耕作深度的增加，耕作位移逐渐增加，与 0.20 m 耕作深度相比较，0.05m、0.10m 和 0.15m 耕作深度的平均耕作位移分别降低了约 43%、35%和 24%。随着耕作深度的增加，耕作位移的变异系数也呈增加趋势，这表明：深耕增加了不同坡度坡耕地耕作位移之间的变异性；而浅耕则有效地降低了不同坡度坡耕地耕作位移之间的变异性。

与机械化耕作不同，在锄耕的过程中，农民通常采用的方法为传统的顺坡耕作，即农民从下坡位置向上坡位置耕作，在锄耕过程中土壤移动方向与锄头翻动方向相同，为单一的向下坡方向运动。

横断山区大部分耕地为面积较小的坡耕地，因此我们在计算耕作侵蚀速率时以 10 m 坡长为标准，并且假定坡耕地一年耕作一次，按照耕作侵蚀速率计算公式可以得出不同耕作深度下的耕作侵蚀速率。

在 0.05 m 耕作深度下，耕作侵蚀速率为 10.31～17.66 Mg・ha^{-1}・tillage $pass^{-1}$，平均值为 14.37 Mg・ha^{-1}・tillage $pass^{-1}$，变异系数为 16.91%。

在 0.10 m 耕作深度下，耕作侵蚀速率为 21.85～43.40 Mg・ha^{-1}・tillage $pass^{-1}$，平均值为 33.75 Mg・ha^{-1}・tillage $pass^{-1}$，变异系数为 21.22%。

在 0.15 m 耕作深度下，耕作侵蚀速率为 32.65～81.15 Mg・ha^{-1}・tillage $pass^{-1}$，平均值为 59.42 Mg・ha^{-1}・tillage $pass^{-1}$，变异系数为 26.99%。

在 0.20 m 耕作深度下，耕作侵蚀速率为 53.64～141.34 Mg・ha^{-1}・tillage $pass^{-1}$，平均值为 102.05 Mg・ha^{-1}・tillage $pass^{-1}$，变异系数为 28.41%。

与 0.20 m 耕作深度相比，0.05m、0.10m 和 0.15 m 耕作深度的耕作侵蚀速率平均值降低了约 86%、67%和 42%。这表明降低耕作深度能够有效地减少耕作侵蚀。

3.3 横断山区耕作侵蚀强度分级

坡度不仅是地貌形态的重要因素之一，也是影响坡耕地土壤侵蚀的重要因子。不论是在水力侵蚀还是耕作侵蚀中，坡度都是影响坡面土壤侵蚀的主要因子。研究表明，水力侵蚀的强度随着坡面的增加而不断增加，而坡度增加到一定的值之后，水力侵蚀的强度将不再增加，并且具有逐渐减少的趋势。此时的坡度就成为水力侵蚀的临界坡度。

而在耕作侵蚀中，大量的研究表明，随着坡度的增加，耕作侵蚀强度将不断增加，并没有达到一定的坡度而逐渐减小的趋势。而且当坡度值达到该土壤的休止角时，耕作侵蚀强度将随着坡度的增加呈指数增加。这也是水力侵蚀与耕作侵蚀对坡度响应机制的本质区别。

因此，本研究在对横断山区耕作侵蚀强度分级的研究中，通过大量的模拟耕作试验来确定不同坡度下不同耕作深度的耕作侵蚀速率，并将5°、10°、15°、20°、休止角坡度下的四个耕作深度的耕作侵蚀速率作为分级标准进行分级。

通过在东川砾石土区和元谋燥红土区坡耕地的一系列模拟耕作试验

可以得出在整个坡耕地坡度范围内两种不同土壤的单次耕作侵蚀速率。一般情况下，这两个地区一年进行一次耕作，东川砾石土的年耕作侵蚀速率为 4407～16095 $t \cdot km^{-2} \cdot year^{-1}$①；而对于元谋燥红土，四种耕作深度梯度下的年耕作侵蚀速率为 1031～14134 $t \cdot km^{-2} \cdot year^{-1}$。

将这两种具有代表性的坡耕地土壤的年耕作侵蚀强度作为横断山区耕作侵蚀强度分级的标准。将两种土壤的年耕作侵蚀强度综合分析。根据水利部颁布的关于水力侵蚀的分级标准，水力侵蚀及风力侵蚀都分为微度、轻度、中度、强烈、极强烈、剧烈六个等级。因此，本研究也将耕作侵蚀按照此标准分为微度、轻度、中度、强烈、极强烈、剧烈六个等级。

在 5°（0.0874 $m \cdot m^{-1}$）坡面、0.05 m 耕作深度下，耕作侵蚀速率为 1031 $t \cdot km^{-2} \cdot year^{-1}$。由于 5° 坡面在一系列研究坡度中是坡度最小的，并且近似于平面，而 0.05 m 耕作深度可以看作浅耕的代表耕作深度，所以在这种情况下的耕作侵蚀非常小，可以作为横断山区耕作侵蚀速率的最低值。在一般耕作条件下，耕作侵蚀速率都会大于此最低值。

所以，本书将 5° 坡面、0.05 m 耕作深度下的耕作侵蚀速率作为耕作侵蚀分级标准中的微度侵蚀的最大值，根据取整数的原则，可取 1000 $t \cdot km^{-2} \cdot year^{-1}$ 作为微度侵蚀与轻度侵蚀的分界值，即小于 1000 $t \cdot km^{-2} \cdot year^{-1}$ 为微度侵蚀。

根据水利部 2007 年颁布的关于《土壤侵蚀分类分级标准》中对于水力侵蚀强度的分级中关于微度侵蚀标准的划分，其中，西南土石山区微度侵蚀的平均侵蚀速率小于 500 $t \cdot km^{-2} \cdot year^{-1}$，这也与以往的研究中关于水力侵蚀与耕作侵蚀对土壤总侵蚀贡献的研究相符合。

Lobb 等人（1995）运用 ^{137}Cs 示踪技术测得，在加拿大安大略省，坡耕地的耕作侵蚀至少占总土壤侵蚀的 70%，而水力侵蚀则占 30%。而在美

① 1 $Mg \cdot ha^{-1} \cdot tillage\ pass^{-1}=100\ t \cdot km^{-2} \cdot year^{-1}$

国明尼苏达州，水力侵蚀速率则为 2000 t • km^{-2} • year^{-1}，而耕作侵蚀速率约为水力侵蚀的 3 倍，约为 6000 t • km^{-2} • year^{-1}（Papiernik et al.，2005）。在英国和丹麦等国家的一系列研究也表明，耕作侵蚀在坡耕地中占主导地位（Quine et al.，2002；Heckrath et al.，2005）。

王占礼等人（2003）通过运用 ^{137}Cs 和石子示踪技术相结合的手段研究了黄土丘陵沟壑区犁耕导致的耕作侵蚀对总土壤侵蚀的贡献，研究表明，耕作侵蚀是黄土区坡耕地的一种重要的土壤侵蚀，在坡耕地的凹型部位耕作侵蚀约占总土壤侵蚀的 42.93%。

在我国川中丘陵区，由于坡耕地坡度陡，分布比较分散，不利于大型机械化耕作的进行，所以锄耕仍然为主要的耕作方式，在坡度为 16.6～25.1 m • m^{-1} 的坡耕地上，耕作侵蚀约占总土壤侵蚀的 42.27%～45.56%，而在坡度为 35.6 m • m^{-1} 的陡坡坡耕地上，耕作侵蚀速率约为 5404 t • km^{-2} • year^{-1}，占总土壤侵蚀的 83.99%。在坡长为 110 m 和 40 m 的坡耕地，耕作侵蚀对总土壤侵蚀贡献率约为 11.8%和 27.3%。而在坡长为 20 m 的坡耕地，耕作侵蚀对总土壤侵蚀的贡献率可达到 52.1%。

轻度侵蚀是侵蚀强度略大于微度侵蚀的一个级别，将 5° 坡面、0.05 m 耕作深度的耕作侵蚀速率作为微度侵蚀的上限。为保持耕作侵蚀强度分级的连续性及可行性，将坡度及耕作深度增加一倍所得到的耕作侵蚀强度作为轻度侵蚀的上限值，即将 5° 坡面、0.05 m 耕作深度与 10° 坡面、0.10 m 耕作深度之间的侵蚀速率作为轻度侵蚀的范围，根据实际情况可将其取为 1000～2500 t • km^{-2} • year^{-1}。

根据水利部 2007 年颁布的关于《土壤侵蚀分类分级标准》中对于水力侵蚀强度的分级中关于轻度侵蚀标准的划分，西南土石山区轻度水力侵蚀的平均侵蚀速率为 500～2500 t • km^{-2} • year^{-1}。与水力侵蚀分级标准相比较，耕作侵蚀的轻度侵蚀分级标准的下限值要高于水力侵蚀，而上限值则与水力侵蚀相同。《中国大百科全书 • 水利卷》一书中对土壤侵蚀的定义为：土壤及其母质在水力、风力、冻融、重力等外营力的作用下，被破坏、剥蚀、搬运和沉积的过程。

耕作侵蚀与水力侵蚀都会对土壤及母岩造成破坏，而与水力侵蚀及风力侵蚀等概念不同的是，耕作侵蚀导致的土壤位移或搬运仅仅局限于坡耕地范围内。虽然耕作侵蚀仅仅导致土壤在坡耕地范围内再分配，但是已有研究表明，耕作侵蚀不仅会导致土壤退化，还会造成坡耕地农作物产量降低（Su et al.，2010；Karamesouti et al.，2015；Wang et al.，2015）。

所以，作为土壤侵蚀的一种形式，耕作侵蚀的轻度侵蚀的分级标准与水力侵蚀和风力侵蚀的标准相似，这也进一步证明了本研究关于耕作侵蚀强度分级的可行性。

中度侵蚀是耕作侵蚀强度分级标准中大于轻度侵蚀的一个级别，与轻度侵蚀分级情况类似，将轻度侵蚀的上限值作为中度侵蚀的下限值。根据以上微度侵蚀与轻度侵蚀的分级标准，将坡度增加 5°、耕作深度增加 0.05 m，即将 15° 坡面、0.15 m 耕作深度下的耕作侵蚀强度作为中度侵蚀的上限值，设定中度侵蚀的侵蚀速率为 2500～5000 t • km^{-2} • $year^{-1}$，这与水利部于 2007 年颁布的关于《土壤侵蚀分类分级标准》中对于水力侵蚀及风力侵蚀强度的分级中关于中度侵蚀标准的划分相同。这不仅证明了耕作侵蚀与水力侵蚀、风力侵蚀等类似，均为土壤侵蚀的一种形式，也进一步证明了本研究中关于耕作侵蚀强度分级的可靠性。

根据以上各级侵蚀强度的分级规则，关于剧烈侵蚀强度则以 15° 坡面、0.15 m 耕作深度下的耕作侵蚀强度作为下限值，以 20° 坡面、0.20 m 耕作深度下的耕作侵蚀强度作为上限值，强烈侵蚀的侵蚀速率为 5000～10000 t • km^{-2} • $year^{-1}$。根据本研究对横断山区实地调研可知，由于锄头的规格及人力条件的限制，耕作深度的最大值约为 0.20 m。

在逆坡耕作试验中可知，在 20° 左右坡面，逆坡耕作导致的土壤逆坡位移与顺坡位移接近，即当坡度超过 20° 时，即使采用逆坡耕作这种保护性耕作措施也会导致顺坡土壤位移，并且产生耕作侵蚀。

蔡强国等人（1995、1996、1998、1999）通过模拟试验得出，在其他条件不变的情况下，土壤的入渗量随着坡度的增加而不断降低，而当坡度超过 18° 的时候，入渗量随着坡度的增加变化将不显著。陈明华等在福建采用径流小区试验和标桩观测试验结合的方法研究了土壤侵蚀速率与坡度之间的关系，研究结果表明，对于人工扰动土来说，在 5°～20° 范围内，土壤侵蚀量随着坡度的增加比较缓慢；而当坡度为 26° 时，土壤侵蚀量约为 10° 坡面的土壤侵蚀量的 2 倍。

水力侵蚀中剧烈侵蚀的侵蚀速率为 5000～8000 t • km^{-2} • $year^{-1}$，与水力侵蚀相比较，耕作侵蚀强度分级中剧烈侵蚀的分级下限值与水力侵蚀强度分级中的剧烈侵蚀下限值相同，而上限值则大于水力侵蚀强度分级中的剧烈侵蚀强度的上限值。这主要是因为众多的研究已经表明在坡耕地景观范围内，耕作侵蚀强度已经超过水力侵蚀的强度，占主导地位。所以，在界定剧烈侵蚀方面，耕作侵蚀强度值应当在一定程度上大于水力侵蚀。

由于在元谋燥红土区坡耕地，坡度为 0.0874～0.5773 m • m^{-1}，根据图 3.2（d）可知，耕作位移随着坡度的增加呈线性增加，这表明元谋燥红土坡耕地的分布范围没有超过燥红土的休止角。

而在东川砾石土区坡耕地，坡度为 0.0522～0.7489 m • m^{-1}。根据图 3.1，坡度为 0.0522～0.6944 m • m^{-1} 时，耕作位移随着坡度的增加呈线性增加；而当坡度扩展到 0.0522～0.7489 m • m^{-1} 时，耕作位移随着坡度的增加呈指数增加，这表明砾石土的休止角在 0.69～0.70 m • m^{-1} 之间。因此，将表 3.1 中超过砾石土休止角的五个坡度（0.7056 m • m^{-1}、0.7178 m • m^{-1}、0.7244 m • m^{-1}、0.7333 m • m^{-1}、0.7489 m • m^{-1}）的耕作侵蚀速率求平均值为 13006 t • km^{-2} • $year^{-1}$，可将其取整数为 13000 t • km^{-2} • $year^{-1}$，可得极强烈侵蚀的侵蚀速率为 10000～13000 t • km^{-2} • $year^{-1}$。

砾石土是横断山区分布广泛的特殊土壤类型，与一般的泥质土相比较，其砾石含量高等特点导致其休止角要小于泥质土。这主要是因为与泥质土相比较，砾石之间的内黏结力要小于泥质土颗粒。与泥质土相比较，砾石土在受到相同作用力时更容易在较低的坡度向下位移更大的距离。

以上研究表明，横断山区耕作侵蚀的剧烈侵蚀和极强烈侵蚀的侵蚀速率分界值为 13000 t·km^{-2}·$year^{-1}$，即大于 13000 t·km^{-2}·$year^{-1}$ 便为剧烈侵蚀。根据水利部 2007 年颁布的土壤侵蚀分类分级标准中关于水力侵蚀和风力侵蚀强度分级标准中关于剧烈侵蚀的划分，剧烈侵蚀强度为大于 15000 t·km^{-2}·$year^{-1}$。可以看出，耕作侵蚀中的剧烈侵蚀标准略小于水力侵蚀和风力侵蚀，这是由耕作侵蚀与水力侵蚀和风力侵蚀之间的本质区别决定的。耕作侵蚀主要发生在坡耕地景观内部，即在耕作工具的作用下，土壤从坡耕地的上坡位置被搬运到下坡位置，并没有离开坡耕地景观范围。而对于水力侵蚀和风力侵蚀来说，在水流和风力的作用下，土壤都会离开坡耕地景观范围。

综上所述，横断山区耕作侵蚀强度可以分成六级，即耕作侵蚀速率小于 1000 t·km^{-2}·$year^{-1}$ 为微度侵蚀，1000～2500 t·km^{-2}·$year^{-1}$ 为轻度侵蚀，2500～5000 t·km^{-2}·$year^{-1}$ 为中度侵蚀，5000～10000 t·km^{-2}·$year^{-1}$ 为强烈侵蚀，10000～13000 t·km^{-2}·$year^{-1}$ 为极强烈侵蚀，大于 13000 t·km^{-2}·$year^{-1}$ 为剧烈侵蚀（见表 3.3）。

表 3.3　横断山区耕作侵蚀强度分级（以 10m 坡长为例）

Table 3.3　Classification of tillage erosion intensity in the Hengduan Mountains region (take 10 m slope length as an example)

级别	坡耕地耕作标准	耕作侵蚀速率/ t·km^{-2}·$year^{-1}$
微度	< 5° 坡面、0.05 m 耕作深度	< 1000
轻度	5° 坡面、0.05 m 耕作深度～10° 坡面、0.10 m 耕作深度	1000～2500
中度	10° 坡面、0.10 m 耕作深度～15° 坡面、0.15 m 耕作深度	2500～5000

续表

级别	坡耕地耕作标准	耕作侵蚀速率/t·km^{-2}·year^{-1}
强烈	15°坡面、0.15 m 耕作深度～20°坡面、0.20 m 耕作深度	5000～10000
极强烈	20°坡面、0.20 m 耕作深度～砾石土休止角坡面	10000～13000
剧烈	＞砾石土休止角坡面	＞13000

注：本表中耕作侵蚀量根据横断山区土壤容重为 1.40 g/cm^3、坡长为 10 m 计算。

3.4 讨论

在《土壤侵蚀分类分级标准》中，关于水力侵蚀及风力侵蚀强度分级标准如表 3.4 和表 3.5 所示。对比耕作侵蚀强度分级与水力侵蚀和风力侵蚀强度分级可以得出，在侵蚀速率上，耕作侵蚀与水力侵蚀及风力侵蚀的侵蚀速率相近，这证明了本研究中关于耕作侵蚀强度分级的合理性与可靠性。

表 3.4　水力侵蚀强度分级标准

Table 3.4　Classification of water erosion intensity

级别	平均侵蚀速率/ $t \cdot km^{-2} \cdot year^{-1}$	土壤平均流失厚度/ $mm \cdot year^{-1}$
微度	<200，<500，<1000	<0.15，<0.37，<0.74
轻度	200，500，1000～2500	0.15，　0.37，0.74～1.9
中度	2500～5000	1.9～3.7
强烈	5000～8000	3.7～5.9
极强烈	8000～15000	5.9～11.1
剧烈	>15000	>11.1

注：本表流失厚度系按土的干密度 1.35 $g \cdot cm^{-3}$ 折算，各地可按当地土壤干密度计算。

表 3.5　风力侵蚀强度分级标准

Table 3.5 Classification of wind erosion intensity

级别	床面形态（地表形态）	植被覆盖度/%（非流沙面积）	平均侵蚀速率/$t \cdot km^{-2} \cdot year^{-1}$	土壤平均流失厚度/$mm \cdot year^{-1}$
微度	固定沙丘、沙地和滩地	＞70	<200	＜2
轻度	固定，半固定沙丘、沙地	70～50	200～2500	2～10
中度	半固定沙丘、沙地	50～30	2500～5000	10～25
强烈	半固定沙丘、流动沙丘、沙地	30～10	5000～8000	25～50
极强烈	流动沙丘、沙地	＜10	8000～15000	50～100
剧烈	大片流动沙丘	＜10	>15000	>100

其中，水力侵蚀强度分级中有关于平均侵蚀速率和土壤平均流失厚度的标准，然而在耕作侵蚀中只有关于坡度及耕作深度指标的描述，没有涉及土壤平均流失厚度，这主要是耕作侵蚀与水力侵蚀是不同机理导致的，也是耕作侵蚀与水力侵蚀的本质区别。

水力侵蚀在降水、地表径流、地下径流的作用下，土壤、土体或其他地面组成物质被破坏、剥蚀、搬运和沉积，这就会导致大量的土壤流失出坡耕地。对于坡耕地来说，耕作会导致坡耕地上坡位置土壤侵蚀，使得上坡位置土层变薄，而在下坡位置沉积，导致下坡位置土层变厚。在自然状态下，在坡耕地范围内水力侵蚀与耕作侵蚀是同时发生的，并且在一定程度上相互促进，从而加剧了坡耕地的水土流失。

Lobb 等人（1995）在加拿大通过模拟试验证明，耕作不仅能在疏松和翻转土壤层的过程中使得上坡位置土壤向下坡位置移动，同时也能够改变土壤的理化性质。王勇（2015）通过模拟耕作试验得出，连续耕作会破坏团聚体的稳定性，从而降低土壤的抗蚀性。

一般情况下，运用平均侵蚀速率很难描述侵蚀状况，需要一些实际指标来对侵蚀状况进行描述。风力侵蚀强度分级中有关于床面形态及植被覆盖度的标准，这是因为风力侵蚀主要发生在比较大的尺度范围，在描述水力侵蚀时运用的平均侵蚀速率不足以代表风力侵蚀的强度，所以需要对床面形态进行描述，从而更直观地表达不同风力侵蚀强度级别。这与耕作侵蚀中关于坡耕地耕作标准的描述类似。

3.5 小结

（1）在东川砾石土区，坡耕地分布广泛，坡度为 0.0522～0.7489 m • m^{-1}，由于坡耕地的坡度分布范围超过砾石土的休止角，所以线性方程不足以描述耕作位移与坡度之间的关系，用指数方程则可以很好地描述耕作位移与坡度之间的关系：$D_d = 0.1318\,e^{1.9650S}$，其中 D_d 为耕作位移（m），S 为坡度（m • m^{-1}）。坡度为 0.0522～0.7489 m • m^{-1} 时，砾石土的耕作侵蚀速率为 44.07～160.95 Mg • ha^{-1} • tillage pass^{-1}，平均值为 83.94 Mg • ha^{-1} • tillage pass^{-1}。

（2）在元谋燥红土区，耕作位移与坡度呈显著的线性相关关系。在坡度为 0.0874～0.5773 m • m^{-1} 的九个坡面及耕作深度为 0.05m、0.10m、0.15m 和 0.20 m 四个梯度下，耕作位移为 0.1510～0.5432 m，耕作侵蚀速率为 10.31～141.34 Mg • ha^{-1} • tillage pass^{-1}。与 0.20 m 耕作深度相比，0.05m、0.10m、0.15 m 耕作深度的耕作侵蚀速率平均值降低了约 86%、67%和 42%。这表明降低耕作深度能够有效地减少耕作侵蚀。

（3）本研究将耕作侵蚀分为微度、轻度、中度、强烈、极强烈、剧烈等六个等级。其中，将耕作侵蚀速率小于 1000 t • km^{-2} • year^{-1}（5° 坡面、

0.05 m 耕作深度下的耕作侵蚀速率）划定为微度侵蚀；将耕作侵蚀速率为 1000～2500 t • km^{-2} • $year^{-1}$（10° 坡面、0.10 m 耕作深度侵蚀速率）划定为轻度侵蚀；将耕作侵蚀速率为 2500～5000 t • km^{-2} • $year^{-1}$（15° 坡面、0.15 m 耕作深度侵蚀速率）划定为中度侵蚀；将耕作侵蚀速率为 5000～10000 t • km^{-2} • $year^{-1}$（20° 坡面、0.20 m 耕作深度侵蚀速率）划定为强烈侵蚀；将耕作侵蚀速率为 10000～13000 t • km^{-2} • $year^{-1}$（砾石土休止角坡面侵蚀速率）划定为极强烈侵蚀；将耕作侵蚀速率大于 13000 t • km^{-2} • $year^{-1}$ 划定为剧烈侵蚀。

第4章

地形因子临界值确定

耕作侵蚀是因耕作而导致的土壤位移在坡耕地范围内的变化，它导致的净余土壤的重新分配（Lindstrom et al.，1990）。影响耕作侵蚀的主要因素为耕作侵蚀力和土壤景观易蚀性（Lobb et al.，1999）。其中，土壤景观易蚀性指土壤被耕作所侵蚀的敏感性，包括土壤易蚀性（土壤砾石含量、土壤密度、含水量、土壤结构、植物根系及有机质含量等）与地形易蚀性（坡度、坡长、坡型）（Lobb and Kachanoski et al.，1999）。Van Muysen 等人（1999）发现，在相同的条件下，已耕土地的耕作侵蚀速率大约是荒草地的三倍。

对于本研究中的 9 个坡面的坡耕地来说，土壤质地相差不大，因此土壤易蚀性无大差别。本研究所选取的 9 个坡面均为线性坡，因此可排除坡型对耕作侵蚀的影响。

坡度是影响耕作侵蚀的重要因素，无论何种耕作类型，耕作侵蚀导致的净耕作侵蚀量随着坡度的增加而增加，并且耕作侵蚀在上坡位置最为严重，而耕作侵蚀引起土壤位移，最终在下坡位置沉积。与坡度相比较，坡长对耕作侵蚀的影响作用相对较小，研究表明耕作侵蚀速率随着坡长的增加而减小（Lindstrom et al.，1990、1992；Lobb et al.，1995；Govers et al.，1994；Poesen et al.，1997；Montgomery et al.，1999；Van Muysen et al.，1999；Oostwoud Wijdenes et al.，1999；Quine et al.，1999；Thapa et al.，1999a、b；Van Muysen et al.，1999；Nyssen et al.，2000；Tsara et al.，2001；Zhang et al.，2004a、2024b、2008；Li et al.，2004、2006、2012）。

目前的研究大部分集中在单个影响因子对耕作位移及耕作侵蚀强度的影响，然而对于在不同耕作侵蚀强度下多影响因子临界值的确定的研究未见报道。因此，本研究在元谋干热河谷区选定坡度为 0.0874～0.5773 $m \cdot m^{-1}$ 的 9 个坡耕地，控制耕作深度为 0.05m、0.10m、0.15m 及 0.20m，进行一系列的模拟耕作试验，并根据耕作侵蚀强度的分级来确定坡度和坡长的临界值。

4.1　坡度与坡长共同作用下的耕作侵蚀速率

坡度是影响耕作侵蚀的主要因子，许多研究表明坡度对耕作侵蚀的影响具有主导作用，这主要是因为在耕作的过程中，土壤被工具扰动之后在重力的作用下发生沿坡面位移（Lindstrom et al.，1992；Govers et al.，1994；Lobb et al.，1995；Poesen et al.，1997；Van Muysen et al.，1999；Quine et al.，1999a）。

坡长是影响耕作侵蚀的重要因子，与坡度相比，坡长对耕作侵蚀强度的影响要小一些（Turkelboom et al.，1997；Dercon et al.，2007）。

4.1.1　0.05 m 耕作深度

图 4.1 所示为 0.05 m 耕作深度下耕作侵蚀速率与坡度及坡长的关系。

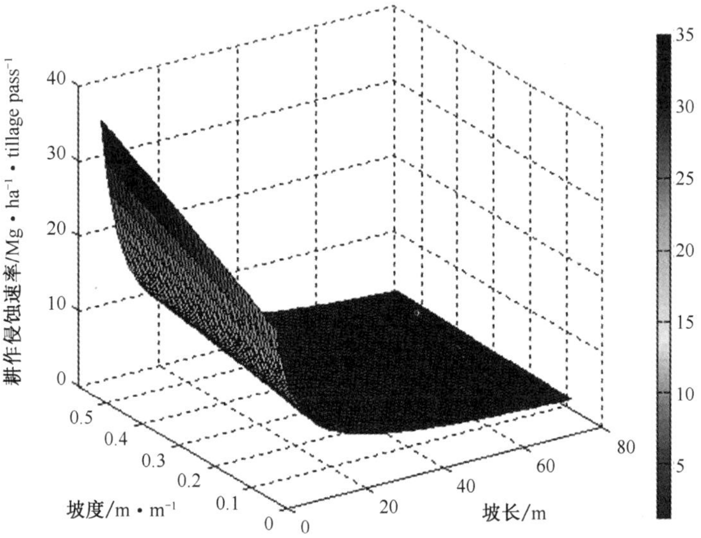

图 4.1　0.05 m 耕作深度下耕作侵蚀速率与坡度及坡长的关系

Fig. 4.1　Relationship of tillage erosion rates to slope gradient and slope length for 0.05 m tillage depth

根据第 3 章计算得到元谋燥红土区坡耕地在 0.05 m 耕作深度下的耕作传输系数：$k_3 = 9$ kg • m^{-1} • tillage pass^{-1}，$k_4 = 15$ kg • m^{-1} • tillage pass^{-1}，将耕作传输系数带入式（2.1）～式（2.6），可得：

$$R = \frac{(15S + 9)}{L_d} \cdot 10 \tag{4.1}$$

式中：

R 为耕作侵蚀速率（Mg • ha^{-1} • tillage pass^{-1}）；

S 为坡度（m • m^{-1}）；

L_d 为坡长（m）。

由图 4.1 可以看出，在 0.05 m 耕作深度下，坡度为 0.0874～0.5773 m • m^{-1} 时，随着坡度的增加，耕作侵蚀速率随着坡度的增加呈增加趋势。坡长为

5～80 m 时，耕作侵蚀速率随着坡长的增加呈减小趋势。这表明减小坡度与增加坡长都是减少耕作侵蚀的有效措施。

表 4.1 所示为 0.05 m 耕作深度下不同坡度、坡长对应的耕作侵蚀速率。

表 4.1　0.05 m 耕作深度下不同坡度、坡长对应的耕作侵蚀速率

Table 4.1　Tillage erosion rates of different slope gradient and slope length for 0.05 m tillage depth

坡度/m • m^{-1}	耕作侵蚀速率/Mg • ha^{-1} • tillage pass^{-1}								
	5 m 坡长	10 m 坡长	20 m 坡长	30 m 坡长	40 m 坡长	50 m 坡长	60 m 坡长	70 m 坡长	80 m 坡长
0.0874	20.62	10.31	5.16	3.44	2.58	2.06	1.72	1.47	1.29
0.1763	23.30	11.65	5.83	3.88	2.91	2.33	1.94	1.66	1.46
0.2679	26.04	13.02	6.51	4.34	3.26	2.60	2.17	1.86	1.63
0.3249	27.74	13.87	6.94	4.62	3.47	2.77	2.31	1.98	1.73
0.3640	28.92	14.46	7.23	4.82	3.62	2.89	2.41	2.07	1.81
0.4245	30.74	15.37	7.69	5.12	3.84	3.07	2.56	2.20	1.92
0.4663	31.98	15.99	8.00	5.33	4.00	3.20	2.67	2.28	2.00
0.5317	33.96	16.98	8.49	5.66	4.25	3.40	2.83	2.43	2.12
0.5773	35.32	17.66	8.83	5.89	4.42	3.53	2.94	2.52	2.21
平均值	28.74	14.37	7.19	4.79	3.59	2.87	2.39	2.05	1.80

在 5 m 坡长的坡面，耕作侵蚀速率为 20.62～35.32 Mg • ha^{-1} • tillage pass^{-1}，平均值为 28.74 Mg • ha^{-1} • tillage pass^{-1}。

在 10 m 坡长的坡面，耕作侵蚀速率为 10.31～17.66 Mg • ha^{-1} • tillage pass^{-1}，平均值为 14.37 Mg • ha^{-1} • tillage pass^{-1}。与 5 m 坡长的坡面相比较，10 m 坡长的坡面的平均耕作侵蚀速率减少了 50%。

在 20 m 坡长的坡面，耕作侵蚀速率为 5.16～8.83 Mg・ha^{-1}・tillage $pass^{-1}$，平均值为 7.19 Mg・ha^{-1}・tillage $pass^{-1}$。与 10 m 坡长的坡面比较，20 m 坡长的坡面的耕作侵蚀速率减少了 49.97%。

在 30 m 坡长的坡面，耕作侵蚀速率为 3.44～5.89 Mg・ha^{-1}・tillage $pass^{-1}$，平均值为 4.79 Mg・ha^{-1}・tillage $pass^{-1}$。与 10 m 坡长的坡面比较，30 m 坡长的坡面的耕作侵蚀速率减少了 66.67%。

在 40 m 坡长的坡面，耕作侵蚀速率为 2.58～4.42 Mg・ha^{-1}・tillage $pass^{-1}$，平均值为 3.59 Mg・ha^{-1}・tillage $pass^{-1}$。与 10 m 坡长的坡面比较，40 m 坡长的坡面的耕作侵蚀速率减少了 75.02%。

在 50 m 坡长的坡面，耕作侵蚀速率为 2.06～3.53 Mg・ha^{-1}・tillage $pass^{-1}$，平均值为 2.87 Mg・ha^{-1}・tillage $pass^{-1}$。与 10 m 坡长的坡面比较，50 m 坡长的坡面的耕作侵蚀速率减少了 80.03%。

在 60 m 坡长的坡面，耕作侵蚀速率为 1.72～2.94 Mg・ha^{-1}・tillage $pass^{-1}$，平均值为 2.39 Mg・ha^{-1}・tillage $pass^{-1}$。与 10 m 坡长的坡面比较，60 m 坡长的坡面的耕作侵蚀速率减少了 83.37%。

在 70 m 坡长的坡面，耕作侵蚀速率为 1.47～2.52 Mg・ha^{-1}・tillage $pass^{-1}$，平均值为 2.05 Mg・ha^{-1}・tillage $pass^{-1}$。与 10 m 坡长的坡面比较，70 m 坡长的坡面的耕作侵蚀速率减少了 85.73%。

在 80 m 坡长的坡面，耕作侵蚀速率为 1.29～2.21 Mg・ha^{-1}・tillage $pass^{-1}$，平均值为 1.80 Mg・ha^{-1}・tillage $pass^{-1}$。与 10 m 坡长的坡面比较，80 m 坡长的坡面的耕作侵蚀速率减少了 87.47%。

这表明增加坡长可以有效地减少耕作侵蚀。

4.1.2 0.10 m 耕作深度

根据第 3 章计算得到元谋燥红土区坡耕地在 0.10 m 耕作深度下的耕

作传输系数：$k_3 = 18$ kg·m^{-1}·tillage pass^{-1}，$k_4 = 44$ kg·m^{-1}·tillage pass^{-1}，将耕作传输系数带入式（2.1）～式（2.6），可得：

$$R = \frac{(44S + 18)}{L_d} \cdot 10 \qquad (4.2)$$

式中：

R 为耕作侵蚀速率（Mg·ha^{-1}·tillage pass^{-1}）；

S 为坡度（m·m^{-1}）；

L_d 为坡长（m）。

由图 4.2 可以看出，在 0.10 m 耕作深度下，耕作侵蚀速率随着坡度的增加呈增加趋势，随着坡长的增加呈减小趋势。

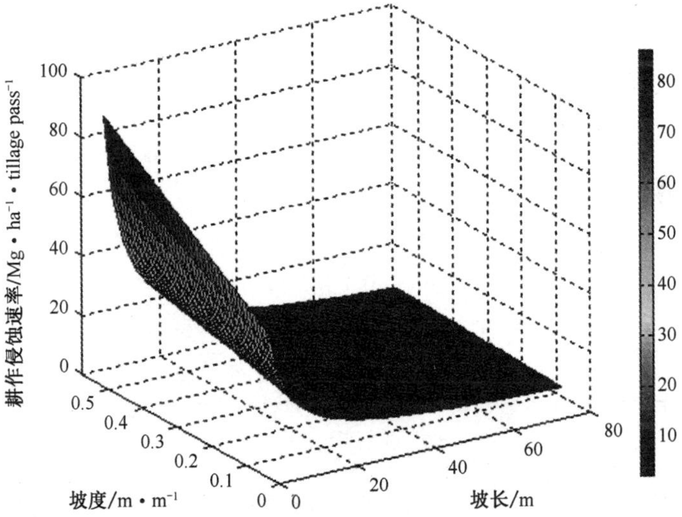

图 4.2　0.10 m 耕作深度下耕作侵蚀速率与坡度及坡长的关系

Fig. 4.2　Relationship of tillage erosion rates to slope gradient and slope length for 0.10 m tillage depth

表 4.2 所示为 0.10 m 耕作深度下不同坡度、坡长对应的耕作侵蚀速率。在 5 m 坡长的坡面，耕作侵蚀速率为 43.70～86.80 Mg • ha^{-1} • tillage $pass^{-1}$，平均值为 67.49 Mg • ha^{-1} • tillage $pass^{-1}$。

表 4.2　0.10 m 耕作深度下不同坡度、坡长对应的耕作侵蚀速率

Table 4.2　Tillage erosion rates of different slope gradient and slope length for 0.10 m tillage depth

坡度/m • m^{-1}	耕作侵蚀速率/Mg • ha^{-1} • tillage $pass^{-1}$								
	5 m 坡长	10 m 坡长	20 m 坡长	30 m 坡长	40 m 坡长	50 m 坡长	60 m 坡长	70 m 坡长	80 m 坡长
0.0874	43.70	21.85	10.93	7.28	5.46	4.37	3.64	3.12	2.73
0.1763	51.52	25.76	12.88	8.59	6.44	5.15	4.29	3.68	3.22
0.2679	59.58	29.79	14.90	9.93	7.45	5.96	4.97	4.26	3.72
0.3249	64.60	32.30	16.15	10.77	8.08	6.46	5.38	4.61	4.04
0.3640	68.04	34.02	17.01	11.34	8.51	6.80	5.67	4.86	4.25
0.4245	73.36	36.68	18.34	12.23	9.17	7.34	6.11	5.24	4.59
0.4663	77.04	38.52	19.26	12.84	9.63	7.70	6.42	5.50	4.82
0.5317	82.80	41.40	20.70	13.80	10.35	8.28	6.90	5.91	5.18
0.5773	86.80	43.40	21.70	14.47	10.85	8.68	7.23	6.20	5.43
平均值	67.49	33.75	16.87	11.25	8.44	6.75	5.62	4.82	4.22

在 10 m 坡长的坡面，耕作侵蚀速率为 21.85～43.40 Mg • ha^{-1} • tillage $pass^{-1}$，平均值为 33.75 Mg • ha^{-1} • tillage $pass^{-1}$。与 5 m 坡长的坡面相比较，10 m 坡长的坡面的平均耕作侵蚀速率减少了 49.99%。

在 20 m 坡长的坡面，耕作侵蚀速率为 10.93～21.70 Mg • ha^{-1} • tillage $pass^{-1}$，平均值为 16.87 Mg • ha^{-1} • tillage $pass^{-1}$。与 10 m 坡长的坡面比较，20 m 坡

长的坡面的耕作侵蚀速率减少了 50.01%。

在 30 m 坡长的坡面，耕作侵蚀速率为 7.28～14.47 Mg • ha^{-1} • tillage $pass^{-1}$，平均值为 11.25 Mg • ha^{-1} • tillage $pass^{-1}$。与 10 m 坡长的坡面比较，30 m 坡长的坡面的耕作侵蚀速率减少了 66.67%。

在 40 m 坡长的坡面，耕作侵蚀速率为 5.46～10.85 Mg • ha^{-1} • tillage $pass^{-1}$，平均值为 8.44 Mg • ha^{-1} • tillage $pass^{-1}$。与 10 m 坡长的坡面比较，40 m 坡长的坡面的耕作侵蚀速率减少了 74.99%。

在 50 m 坡长的坡面，耕作侵蚀速率为 4.37～8.68 Mg • ha^{-1} • tillage $pass^{-1}$，平均值为 6.75 Mg • ha^{-1} • tillage $pass^{-1}$。与 10 m 坡长的坡面比较，50 m 坡长的坡面的耕作侵蚀速率减少了 80.00%。

在 60 m 坡长的坡面，耕作侵蚀速率为 3.64～7.23 Mg • ha^{-1} • tillage $pass^{-1}$，平均值为 5.62 Mg • ha^{-1} • tillage $pass^{-1}$。与 10 m 坡长的坡面比较，60 m 坡长的坡面的耕作侵蚀速率减少了 83.33%。

在 70 m 坡长的坡面，耕作侵蚀速率为 3.12～6.20 Mg • ha^{-1} • tillage $pass^{-1}$，平均值为 4.82 Mg • ha^{-1} • tillage $pass^{-1}$。与 10 m 坡长的坡面比较，70 m 坡长的坡面的耕作侵蚀速率减少了 85.72%。

在 80 m 坡长的坡面，耕作侵蚀速率为 2.73～5.43 Mg • ha^{-1} • tillage $pass^{-1}$，平均值为 4.22 Mg • ha^{-1} • tillage $pass^{-1}$。与 10 m 坡长的坡面比较，80 m 坡长的坡面的耕作侵蚀速率减少了 87.50%。

这表明增加坡长可以有效地减少耕作侵蚀。

4.1.3　0.15 m 耕作深度

根据第 3 章计算得到元谋燥红土区坡耕地在 0.15 m 耕作深度下的耕作传输系数：k_3 = 24 kg • m^{-1} • tillage $pass^{-1}$，k_4 = 99 kg • m^{-1} • tillage $pass^{-1}$，

将耕作传输系数带入式（2.1）～式（2.6）可得：

$$R = \frac{(99S + 24)}{L_{\mathrm{d}}} \cdot 10 \tag{4.3}$$

式中：

R 为耕作侵蚀速率（Mg • ha^{-1} • tillage pass^{-1}）；

S 为坡度（m • m^{-1}）；

L_{d} 为坡长（m）。

由图 4.3 可以看出，与 0.05 m 耕作深度相同，0.15 m 耕作深度下耕作侵蚀速率与坡度呈正相关关系，与坡长呈负相关关系。坡度为 0.0874～0.5773 m • m^{-1} 时，随着坡度的增加，耕作侵蚀速率呈增加趋势。坡长为 5～80 m 时，随着坡长的增加，耕作侵蚀速率呈降低趋势。

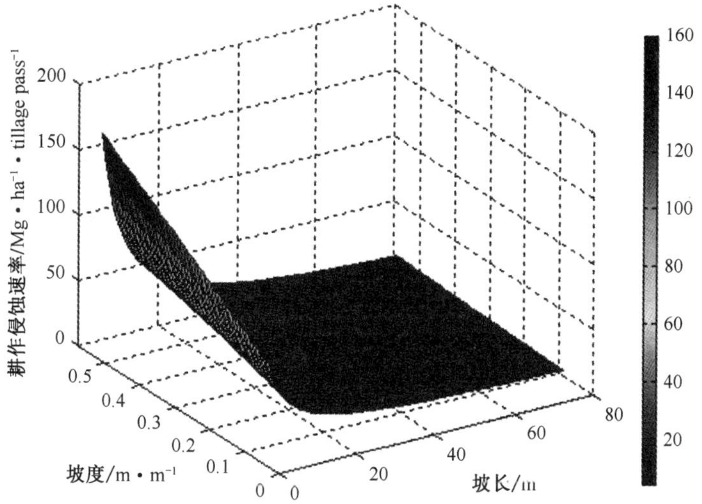

图 4.3　0.15 m 耕作深度下耕作侵蚀速率与坡度及坡长的关系

Fig. 4.3　Relationship of tillage erosion rates to slope gradient and slope length for 0.15 m tillage depth

表4.3为0.15 m耕作深度下不同坡度、坡长对应的耕作侵蚀速率。

表4.3　0.15 m耕作深度下不同坡度、坡长对应的耕作侵蚀速率

Table 4.3　Tillage erosion rates of different slope gradient and slope length for 0.15 m tillage depth

坡度/ m•m^{-1}	耕作侵蚀速率/Mg•ha^{-1}•tillage pass^{-1}								
	5 m 坡长	10 m 坡长	20 m 坡长	30 m 坡长	40 m 坡长	50 m 坡长	60 m 坡长	70 m 坡长	80 m 坡长
0.0874	65.30	32.65	16.33	10.88	8.16	6.53	5.44	4.66	4.08
0.1763	82.90	41.45	20.73	13.82	10.36	8.29	6.91	5.92	5.18
0.2679	101.04	50.52	25.26	16.84	12.63	10.10	8.42	7.22	6.32
0.3249	112.34	56.17	28.09	18.72	14.04	11.23	9.36	8.02	7.02
0.3640	120.08	60.04	30.02	20.01	15.01	12.01	10.01	8.58	7.51
0.4245	132.06	66.03	33.02	22.01	16.51	13.21	11.01	9.43	8.25
0.4663	140.32	70.16	35.08	23.39	17.54	14.03	11.69	10.02	8.77
0.5317	153.28	76.64	38.32	25.55	19.16	15.33	12.77	10.95	9.58
0.5773	162.30	81.15	40.58	27.05	20.29	16.23	13.53	11.59	10.14
平均值	118.85	59.42	29.71	19.81	14.86	11.88	9.90	8.49	7.43

在5 m坡长的坡面，耕作侵蚀速率为65.30～162.30 Mg•ha^{-1}•tillage pass^{-1}，平均值为118.85 Mg•ha^{-1}•tillage pass^{-1}。

在10 m坡长的坡面，耕作侵蚀速率为32.65～81.15 Mg•ha^{-1}•tillage pass^{-1}，平均值为59.42 Mg•ha^{-1}•tillage pass^{-1}。与5 m坡长的坡面相比较，10 m坡长的坡面的平均耕作侵蚀速率减少了50.00%。

在20 m坡长的坡面，耕作侵蚀速率为16.33～40.58 Mg•ha^{-1}•tillage pass^{-1}，平均值为29.71 Mg•ha^{-1}•tillage pass^{-1}。与10 m坡长的坡面比较，20 m

坡长的坡面的耕作侵蚀速率减少了 50.00%。

在 30 m 坡长的坡面，耕作侵蚀速率为 10.88～27.05 Mg • ha^{-1} • tillage $pass^{-1}$，平均值为 19.81 Mg • ha^{-1} • tillage $pass^{-1}$。与 10 m 坡长的坡面比较，30 m 坡长的坡面的耕作侵蚀速率减少了 66.66%。

在 40 m 坡长的坡面，耕作侵蚀速率为 8.16～20.29 Mg • ha^{-1} • tillage $pass^{-1}$，平均值为 14.86 Mg • ha^{-1} • tillage $pass^{-1}$。与 10 m 坡长的坡面比较，40 m 坡长的坡面的耕作侵蚀速率减少了 74.99%。

在 50 m 坡长的坡面，耕作侵蚀速率为 8.16～20.29 Mg • ha^{-1} • tillage $pass^{-1}$，平均值为 11.88 Mg • ha^{-1} • tillage $pass^{-1}$。与 10 m 坡长的坡面比较，50 m 坡长的坡面的耕作侵蚀速率减少了 80.01%。

在 60 m 坡长的坡面，耕作侵蚀速率为 5.44～13.53 Mg • ha^{-1} • tillage $pass^{-1}$，平均值为 9.90 Mg • ha^{-1} • tillage $pass^{-1}$。与 10 m 坡长的坡面比较，60 m 坡长的坡面的耕作侵蚀速率减少了 83.34%。

在 70 m 坡长的坡面，耕作侵蚀速率为 4.66～11.59 Mg • ha^{-1} • tillage $pass^{-1}$，平均值为 8.49 Mg • ha^{-1} • tillage $pass^{-1}$。与 10 m 坡长的坡面比较，70 m 坡长的坡面的耕作侵蚀速率减少了 85.71%。

在 80 m 坡长的坡面，耕作侵蚀速率为 4.08～10.14 Mg • ha^{-1} • tillage $pass^{-1}$，平均值为 7.43 Mg • ha^{-1} • tillage $pass^{-1}$。与 10 m 坡长的坡面比较，80 m 坡长的坡面的耕作侵蚀速率减少了 87.50%。

这表明增加坡长可以有效地减少耕作侵蚀。

4.1.4 0.20 m 耕作深度

根据第 3 章计算可知，元谋燥红土区坡耕地在 0.20 m 耕作深度下的耕作传输系数：k_3 = 38 kg • m^{-1} • tillage $pass^{-1}$，k_4 = 179 kg • m^{-1} • tillage $pass^{-1}$，

将耕作传输系数带入式（2.1）～式（2.6）可得：

$$R = \frac{(179S + 38)}{L_d} \cdot 10 \tag{4.4}$$

式中：

R 为耕作侵蚀速率（Mg • ha^{-1} • tillage pass^{-1}）；

S 为坡度（m • m^{-1}）；

L_d 为坡长（m）。

由图 4.4 可是以看出，与其他耕作深度类似，在 0.20 m 耕作深度下，坡度为 0.0874～0.5773 m • m^{-1} 时，耕作侵蚀速率随着坡度增加呈增加趋势。坡长为 5～80 m 时，耕作侵蚀速率随坡长增加呈降低趋势。

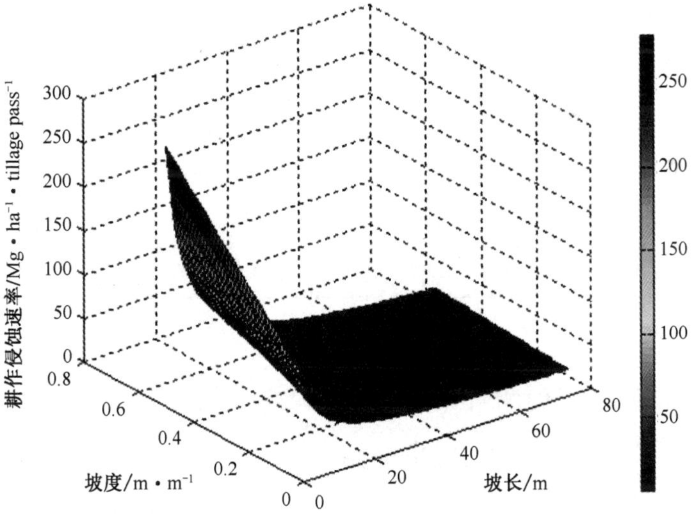

图 4.4　0.20 m 耕作深度下耕作侵蚀速率与坡度及坡长的关系

Fig. 4.4　Relationship of tillage erosion rates to slope gradient and slope length for 0.20 m tillage depth

表 4.4 所示为 0.20 m 耕作深度下不同坡度、坡长对应的耕作侵蚀速率。

表 4.4 0.20 m 耕作深度下不同坡度、坡长对应的耕作侵蚀速率

Table 4.4 Tillage erosion rates of different slope gradient and slope length for 0.20 m tillage depth

坡度/m · m^{-1}	耕作侵蚀速率/ Mg · ha^{-1} · tillage $pass^{-1}$								
	5 m 坡长	10 m 坡长	20 m 坡长	30 m 坡长	40 m 坡长	50 m 坡长	60 m 坡长	70 m 坡长	80 m 坡长
0.0874	107.28	53.64	26.82	17.88	13.41	10.73	8.94	7.66	6.71
0.1763	139.12	69.56	34.78	23.19	17.39	13.91	11.59	9.94	8.70
0.2679	171.90	85.95	42.98	28.65	21.49	17.19	14.33	12.28	10.74
0.3249	192.32	96.16	48.08	32.05	24.04	19.23	16.03	13.74	12.02
0.3640	206.32	103.16	51.58	34.39	25.79	20.63	17.19	14.74	12.90
0.4245	227.98	113.99	57.00	38.00	28.50	22.80	19.00	16.28	14.25
0.4663	242.94	121.47	60.74	40.49	30.37	24.29	20.25	17.35	15.18
0.5317	266.34	133.17	66.59	44.39	33.29	26.63	22.20	19.02	16.65
0.5773	282.68	141.34	70.67	47.11	35.34	28.27	23.56	20.19	17.67
平均值	204.10	102.05	51.03	34.02	25.51	20.41	17.01	14.58	12.76

在 5 m 坡长的坡面，耕作侵蚀速率为 107.28～282.68 Mg • ha^{-1}• tillage $pass^{-1}$，平均值为 204.10 Mg • ha^{-1} • tillage $pass^{-1}$。

在 10 m 坡长的坡面，耕作侵蚀速率为 53.64～141.34 Mg • ha^{-1}• tillage $pass^{-1}$，平均值为 102.05 Mg • ha^{-1} • tillage $pass^{-1}$。与 5 m 坡长的坡面相比较，10 m 坡长的坡面的平均耕作侵蚀速率减少了 50.00%。

在 20 m 坡长的坡面，耕作侵蚀速率为 26.82～70.67 Mg • ha^{-1}• tillage $pass^{-1}$，平均值为 51.03 Mg • ha^{-1} • tillage $pass^{-1}$。与 10 m 坡长的坡面比较，20 m

坡长的坡面的耕作侵蚀速率减少了 50.00%。

在 30 m 坡长的坡面，耕作侵蚀速率为 17.88～47.11 Mg·ha^{-1}·tillage $pass^{-1}$，平均值为 34.02 Mg·ha^{-1}·tillage $pass^{-1}$。与 10 m 坡长的坡面比较，30 m 坡长的坡面的耕作侵蚀速率减少了 66.66%。

在 40 m 坡长的坡面，耕作侵蚀速率为 13.41～35.34 Mg·ha^{-1}·tillage $pass^{-1}$，平均值为 25.51 Mg·ha^{-1}·tillage $pass^{-1}$。与 10 m 坡长的坡面比较，40 m 坡长的坡面的耕作侵蚀速率减少了 75.00%。

在 50 m 坡长的坡面，耕作侵蚀速率为 10.73～28.27 Mg·ha^{-1}·tillage $pass^{-1}$，平均值为 20.41 Mg·ha^{-1}·tillage $pass^{-1}$。与 10 m 坡长的坡面比较，50 m 坡长的坡面的耕作侵蚀速率减少了 80.00%。

在 60 m 坡长的坡面，耕作侵蚀速率为 8.94～23.56 Mg·ha^{-1}·tillage $pass^{-1}$，平均值为 17.01 Mg·ha^{-1}·tillage $pass^{-1}$。与 10 m 坡长的坡面比较，60 m 坡长的坡面的耕作侵蚀速率减少了 83.33%。

在 70 m 坡长的坡面，耕作侵蚀速率为 7.66～20.19 Mg·ha^{-1}·tillage $pass^{-1}$，平均值为 14.58 Mg·ha^{-1}·tillage $pass^{-1}$。与 10 m 坡长的坡面比较，70 m 坡长的坡面的耕作侵蚀速率减少了 85.71%。

在 80 m 坡长的坡面，耕作侵蚀速率为 6.71～17.67 Mg·ha^{-1}·tillage $pass^{-1}$，平均值为 12.76 Mg·ha^{-1}·tillage $pass^{-1}$。与 10 m 坡长的坡面比较，80 m 坡长的坡面的耕作侵蚀速率减少了 87.50%。

这表明增加坡长是减少耕作侵蚀的一种有效的手段。

4.2 坡度临界值

在 0.05 m 耕作深度下，坡长为 5 m 的坡耕地，耕作侵蚀速率为 20.62～35.32 Mg • ha^{-1} • tillage $pass^{-1}$（见表 4.1），按照耕作侵蚀强度分级，属于轻度侵蚀与中度侵蚀。坡长为 10 m 的坡耕地，耕作侵蚀速率为 10.31～17.66 Mg • ha^{-1} • tillage $pass^{-1}$，属于轻度侵蚀。坡耕地的坡长大于 20 m 的情况下，耕作侵蚀速率小于 10 Mg • ha^{-1} • tillage $pass^{-1}$，属于微度侵蚀。因此，对于 0.05 m 耕作深度下坡度临界值的确定可仅针对 5 m 及 10 m 坡长即可。根据耕作侵蚀强度的分级标准，将不同的耕作侵蚀速率带入式（4.1）～式（4.4），可以得到 0.05 m 耕作深度下，坡长为 5 m 及 10 m 的坡度临界值（见表 4.5）。

表 4.5 0.05 m 耕作深度下的坡度临界值

Table 4.5 The threshold value of slope gradient for 0.05 m tillage depth

坡长/m	坡度临界值		
	微度侵蚀	轻度侵蚀	中度侵蚀
5		0°～13°	13°～30°
10	0°～4°	4°～30°	

在坡长为5 m的坡耕地，坡度为0° ～13° 时，耕作侵蚀强度为轻度侵蚀，坡度为13° ～30° 时，耕作侵蚀强度为中度侵蚀；而对于坡长为10 m 的坡耕地，坡度为 0° ～4° 时，耕作侵蚀强度为微度侵蚀，坡度为4° ～30° 时，耕作侵蚀强度为轻度侵蚀。因此，对于 5 m 坡长的坡耕地，轻度侵蚀与中度侵蚀之间的坡度临界值为13° ，而对于10 m 坡长的坡耕地，微度侵蚀与轻度侵蚀之间的坡度临界值为4° 。

在0.10 m 耕作深度下，在坡长大于50 m 的坡耕地，耕作侵蚀速率都小于 10 Mg • ha^{-1} • tillage $pass^{-1}$，属于微度侵蚀，因此在0.10 m 耕作深度下坡度临界值的确定可仅针对坡长为5m、10m、20m、30m 和 40m 的坡耕地进行（见表 4.2）。根据耕作侵蚀强度的分级标准，将不同的耕作侵蚀速率带入式（4.1）一式（4.4）中，便可得到 0.10 m 耕作深度下，不同坡长对应的坡度临界值（见表 4.6）。

表 4.6 0.10 m 耕作深度下的坡度临界值

Table 4.6 The threshold value of slope gradient for 0.10 m tillage depth

坡长/m	坡度临界值			
	微度侵蚀	轻度侵蚀	中度侵蚀	强烈侵蚀
5			0° ～9°	9° ～30°
10		0° ～9°	9° ～30°	
20	0° ～3°	3° ～30°		
30	0° ～15°	15° ～30°		
40	0° ～27°	27° ～30°		

在 0.10 m 耕作深度下，在坡长为 5 m 的坡耕地，耕作侵蚀强度在中度侵蚀和强烈侵蚀之间，并且两者之间的坡度临界值为 9° ；而在坡长为 10 m 的坡耕地，耕作侵蚀强度在轻度侵蚀和中度侵蚀之间，这两种强度的耕作

侵蚀之间的临界坡度值也为 9°。在 20 m、30 m 和 40 m 坡长的坡耕地，耕作侵蚀强度在微度侵蚀和轻度侵蚀之间，这两种侵蚀强度之间的坡度临界值分别为 3°、15° 和 27°。

在 0.15 m 耕作深度下，坡长为 5～80 m 时，耕作侵蚀速率均存在大于 10 Mg • ha^{-1} • tillage $pass^{-1}$ 的情况。根据耕作侵蚀强度的分级标准，将不同的耕作侵蚀速率带入式（4.1）～式（4.4），便可得到 0.15 m 耕作深度下不同坡长对应的坡度临界值（见表 4.7）。

表 4.7　0.15 m 耕作深度下的坡度临界值

Table 4.7　The threshold value of slope gradient for 0.15 m tillage depth

坡长/m	坡度临界值					
	微度侵蚀	轻度侵蚀	中度侵蚀	强烈侵蚀	极强烈侵蚀	剧烈侵蚀
5			0°～1°	1°～15°	15°～22°	22°～30°
10		0°～1°	1°～15°	15°～30°		
20		0°～15°	15°～30°			
30	0°～4°	4°～27°	27°～30°			
40	0°～9°	9°～30°				
50	0°～15°	15°～30°				
60	0°～20°	20°～30°				
70	0°～25°	25°～30°				
80	0°～29°	29°～30°				

在 0.15 m 耕作深度下，在坡长为 5 m 的坡耕地，坡度为 0°～1° 时，耕作侵蚀强度为中度侵蚀；坡度为 1°～15° 时，耕作侵蚀强度为强烈侵蚀；坡度为 15°～22° 时，耕作侵蚀强度为极强烈侵蚀；坡度为 22°～30° 时，耕作侵蚀强度为剧烈侵蚀。在坡长为 10 m 的坡耕地，坡度为 0°～1°

时，耕作侵蚀强度为轻度侵蚀；坡度为 1°～15° 时，耕作侵蚀强度为中度侵蚀；坡度为 15°～30° 时，耕作侵蚀强度为强烈侵蚀。在坡长为 20 m 的坡耕地，坡度为 0°～15° 时，耕作侵蚀强度为轻度侵蚀；坡度为 15°～30° 时，耕作侵蚀强度为中度侵蚀。在坡长为 30 m 的坡耕地，坡度为 0°～4° 时，耕作侵蚀强度为微度侵蚀；坡度为 4°～27° 时，耕作侵蚀强度为轻度侵蚀；坡度为 27°～30° 时，耕作侵蚀强度为中度侵蚀。在坡长为 40 m、50 m、60 m、70 m 和 80 m 的坡耕地，耕作侵蚀强度在微度侵蚀和轻度侵蚀之间，这两种侵蚀强度之间的坡度临界值分别为 9°、15°、20°、25° 和 29°。

在 0.20 m 耕作深度下，坡长为 5～80 m 时，耕作侵蚀速率均存在大于 10 $Mg \cdot ha^{-1} \cdot tillage\ pass^{-1}$ 的情况。根据耕作侵蚀强度的分级标准，将不同的耕作侵蚀速率带入式（4.1）～式（4.4），便可得到 0.20 m 耕作深度下不同坡长对应的坡度临界值（见表 4.8）。

表 4.8　0.20 m 耕作深度下的坡度临界值

Table 4.8　The threshold value of slope gradient for 0.20 m tillage depth

坡长/m	微度侵蚀	轻度侵蚀	中度侵蚀	强烈侵蚀	极强烈侵蚀	剧烈侵蚀
5				0°～4°	4°～9°	9°～30°
10			0°～4°	4°～19°	19°～27°	27°～30°
20		0°～4°	4°～19°	19°～30°		
30		0°～12°	12°～30°			
40	0°～1°	1°～19°	19°～30°			
50	0°～4°	4°～25°	25°～30°			
60	0°～7°	7°～30°				
70	0°～10°	10°～30°				
80	0°～13°	13°～30°				

在0.20 m耕作深度下，坡长为5 m的坡耕地，坡度为0°～4°时，耕作侵蚀强度为强烈侵蚀；坡度为4°～9°时，耕作侵蚀强度为极强烈侵蚀；坡度为9°～30°时，耕作侵蚀强度为剧烈侵蚀。在坡长为10 m的坡耕地，坡度为0°～4°时，耕作侵蚀强度为中度侵蚀；坡度为4°～19°时，耕作侵蚀强度为强烈侵蚀；坡度为19°～27°时，耕作侵蚀强度为极强烈侵蚀；坡度为27°～30°时，耕作侵蚀强度为剧烈侵蚀。在坡长为20 m的坡耕地，坡度为0°～4°时，耕作侵蚀强度为轻度侵蚀；坡度为4°～19°时，耕作侵蚀强度为中度侵蚀；坡度为19°～30°时，耕作侵蚀强度为强烈侵蚀。在坡长为30 m的坡耕地，轻度侵蚀与中度侵蚀之间的坡度临界值为12°。在坡长为40 m和50 m的坡耕地，微度侵蚀与轻度侵蚀之间的临界坡度值分别为1°和4°，轻度侵蚀和中度侵蚀之间的临界坡度值分别为19°和25°。在坡长为60 m、70 m和80 m的坡耕地，微度侵蚀和轻度侵蚀之间的坡度临界值分别为7°、10°和13°。

在实际耕作中，锄耕的耕作深度在0.20 m左右。对于坡长小于40 m的坡面，耕作侵蚀强度控制在微度侵蚀下，不存在坡度临界值，在坡长分别为40 m、60 m和80 m的坡面，要使耕作侵蚀强度控制在微度侵蚀及以下，坡度应分别小于1°、小于7°和小于13°。

4.3 坡长临界值

耕作侵蚀速率随坡长增加显著减少，在坡长为 80 m 的坡耕地，在 4 种耕作深度下，耕作侵蚀速率的平均值分别为 1.80 $Mg \cdot ha^{-1} \cdot tillage\ pass^{-1}$、4.22 $Mg \cdot ha^{-1} \cdot tillage\ pass^{-1}$、7.43 $Mg \cdot ha^{-1} \cdot tillage\ pass^{-1}$ 和 12.76 $Mg \cdot ha^{-1} \cdot tillage\ pass^{-1}$（见表 4.1～表 4.4）。其中，在 0.05 m、0.10 m 和 0.15 m 耕作深度下的平均耕作侵蚀强度均为微度侵蚀。因此，本研究只计算 0.20 m 耕作深度下的坡长临界值。

表 4.9 所示为不同耕作侵蚀强度下的坡长临界值。耕作侵蚀强度控制在微度侵蚀的指标下，坡度为 5°～30° 时，随着坡度的增加，坡长临界值逐渐增加。因此，坡耕地坡度增加时，增加坡长可以有效降低耕作侵蚀。

表 4.9　不同耕作侵蚀强度下的坡长临界值

Table 4.9　The threshold value of slope length under different tillage erosion intensity

坡度	坡长临界值/m					
	微度侵蚀	轻度侵蚀	中度侵蚀	强烈侵蚀	极强烈侵蚀	剧烈侵蚀
5°	>54	21～54	11～21	5～11	4～5	<4
6°	>57	23～57	11～23	6～11	4～6	<4
7°	>60	24～60	12～24	6～12	5～6	<5
8°	>63	25～63	13～25	6～13	5～6	<5
9°	>66	27～66	13～27	7～13	5～7	<5
10°	>70	28～70	14～28	7～14	5～7	<5
11°	>73	29～73	15～29	7～15	6～7	<6
12°	>76	30～76	15～30	8～15	6～8	<6
13°	>79	32～79	16～32	8～16	6～8	<6
14°	>83	33～83	17～33	8～17	6～8	<6
15°	>86	34～86	17～34	9～17	7～9	<7
16°	>89	36～89	18～36	9～18	7～9	<7
17°	>93	37～93	19～37	9～19	7～9	<7
18°	>96	38～96	19～38	10～19	7～10	<7
19°	>100	40～100	20～40	10～20	8～10	<8
20°	>103	41～103	21～41	10～21	8～10	<8
21°	>107	43～107	21～43	11～21	8～11	<8
22°	>110	44～110	22～44	11～22	8～11	<8
23°	>114	46～114	23～46	11～23	9～11	<9
24°	>118	47～118	24～47	12～24	9～12	<9
25°	>121	49～121	24～49	12～24	9～12	<9

续表

坡度	坡长临界值/m					
	微度侵蚀	轻度侵蚀	中度侵蚀	强烈侵蚀	极强烈侵蚀	剧烈侵蚀
26°	>125	50～125	25～50	13～25	10～13	<10
27°	>129	52～129	26～52	13～26	10～13	<10
28°	>133	53～133	27～53	13～27	10～13	<10
29°	>137	55～137	27～55	14～27	11～14	<11
30°	>141	57～141	28～57	14～28	11～14	<11

耕作侵蚀强度控制在轻度侵蚀下，坡度为 5°～12° 时，坡长临界值下限位于[21,30]。坡度为 13°～19°、20°～26° 和 27°～30° 时，坡长临界值下限分别位于[32,40]、[41,50]、[52,57]，这表明不同坡度的坡耕地，坡长应不小于对应坡长临界值下限才能保证耕作侵蚀强度为轻度侵蚀。

耕作侵蚀强度控制在中度侵蚀下，坡度为 5°～19° 时，坡长临界值下限位于[11,20]。坡度为 20°～30° 时，坡长临界值下限位于[21,28]。

耕作侵蚀强度控制在强烈侵蚀下，坡度为 5°～20° 时，坡长临界值下限位于[5,10]。坡度为 21°～30° 时，坡长临界值下限位于[11,14]。

耕作侵蚀强度控制在极强烈侵蚀下，在整个坡度范围内，耕作深度的临界值下限位于[4,11]。

本研究选择缓坡（5°）、中坡（10°）和陡坡（25°）三个典型坡度为研究对象，确定耕作侵蚀强度控制在微度侵蚀下的坡长临界值。

在缓坡（5°），耕作侵蚀强度控制在微度侵蚀下，坡长应当大于 54 m。

在中坡（10°），耕作侵蚀强度控制在微度侵蚀下，坡长应当大于 70 m。

在陡坡（25°），耕作侵蚀强度控制在微度侵蚀下，坡长应当大于 121 m。

4.4 小结

（1）坡长和坡度是影响耕作侵蚀速率的两个重要因子。在其他因子确定的情况下，耕作侵蚀速率随着坡度的增加呈增加趋势；坡长为 5～80 m 时，耕作侵蚀速率随着坡长的增加呈降低趋势。因此，缓坡耕作和增加坡长是减少耕作侵蚀的两种有效措施。

（2）在实际耕作中，锄耕的耕作深度在 0.20 m 左右。对于坡长小于 40 m 的坡面，耕作侵蚀强度控制在微度侵蚀下，不存在坡度临界值，坡长分别为 40 m、60 m 和 80 m 时，耕作侵蚀强度控制在微度侵蚀下，进行耕作操作的坡度应该分别小于 1°、小于 7° 和小于 13°。

（3）在缓坡（5°），耕作侵蚀强度控制在微度侵蚀下，坡长应当大于 54 m；在中坡（10°），耕作侵蚀强度控制在微度侵蚀下，坡长应当大于 70 m；在陡坡（25°），耕作侵蚀强度控制在微度侵蚀下，坡长应当大于 121 m。

第5章

人为因子临界值确定

在机械化耕作区，耕作速度是影响耕作侵蚀的重要因子，许多研究表明，耕作位移和土壤传输量与耕作速度呈线性正相关关系（Lobb et al.，1999b；Quine et al.，1999；Heckrath et al.，2006；Van Muysen et al.，2006；Tiessen et al.，2007a，2007b）。据估算，耕作速度从 7 km • h^{-1} 下降到 4 km • h^{-1}，可以使耕作侵蚀减少 30%（Quine et al.，2003）。

在非机械化锄耕区，由于耕作速度主要是由耕作深度决定的，所以可以忽略耕作速度对耕作侵蚀的影响。耕作深度即为耕作工具进入土壤的深度，深度越深则土壤传输量越大。已有研究表明，耕作深度对于耕作侵蚀的影响在某些情况下大于坡度对耕作深度的影响（王占礼等，2002）。Zhang 等人（2008）通过研究表明，耕作深度也可以决定土壤的发育深度。耕作深度从 40 cm 降低到 30 cm 时，耕作侵蚀导致的土壤传输量降低约 43%，当耕作深度降低到 20 cm 时，土壤传输量降低约 77%（St Gerontidis et al.，2001）。

耕作角度也是影响耕作侵蚀的重要因素之一（De Alba et al.，2006）。已有研究表明，耕作位移不仅与坡度呈正相关关系，还与耕作角度呈负相关关系（Dercon et al.，2007；Torri and Borselli，2002）。

等高耕作与逆坡耕作都是减少耕作侵蚀的有效方法（Montgomery et al.，1999；Thapa et al.，1999a，1999b；Zhang et al.，2004b；Zhang and Li，2013）。

目前关于人为因子对耕作侵蚀强度影响的研究大多集中于耕作深度或是耕作角度等单个因子的作用。然而，在不同的耕作侵蚀强度下，人为因子临界值的研究未见报道。因此，本研究在元谋干热河谷区选定坡度为 0.0874～0.5773 $m \cdot m^{-1}$ 的 9 个坡耕地进行一系列的模拟耕作试验，设定耕作深度为 0.05、0.10、0.15 及 0.20 m，耕作角度为顺坡耕作（0°）、斜向下耕作（45°）、等高耕作（90°）、斜向上耕作（135°）及逆坡耕作（180°），来探索人为因子对耕作侵蚀强度的影响。并根据耕作侵蚀强度的分级标准来确定人为因子中耕作深度及耕作角度的临界值。

5.1　耕作深度因子

5.1.1　耕作深度与坡度共同影响下的耕作侵蚀速率

如图 5.1a 及表 5.1 所示，耕作位移系数 k_1 与耕作深度之间无显著的相关关系（$P = 0.9416$），在 4 个耕作深度下耕作位移系数 k_1 的平均值为 0.1276m，变异系数为 7.43%，这说明耕作位移系数 k_1 不受耕作深度的影响。因此，可以用 k_1 的平均值来代替 4 个耕作深度下的耕作位移系数。然而与 k_1 不同，k_2 与耕作深度之间呈显著的正相关关系（$P = 0.0058$）（见图 5.1a）。耕作位移系数与耕作深度之间的线性关系可以用下式表达：

$$k_2 = 2.8456D_t + 0.0548 \tag{5.1}$$

将耕作位移系数的平均值 0.1276m 及式（5.1）带入式（2.5），可以得到耕作位移与坡度及耕作深度之间的关系：

$$D_d = 0.1276 + (2.8456D_t + 0.0548)S \tag{5.2}$$

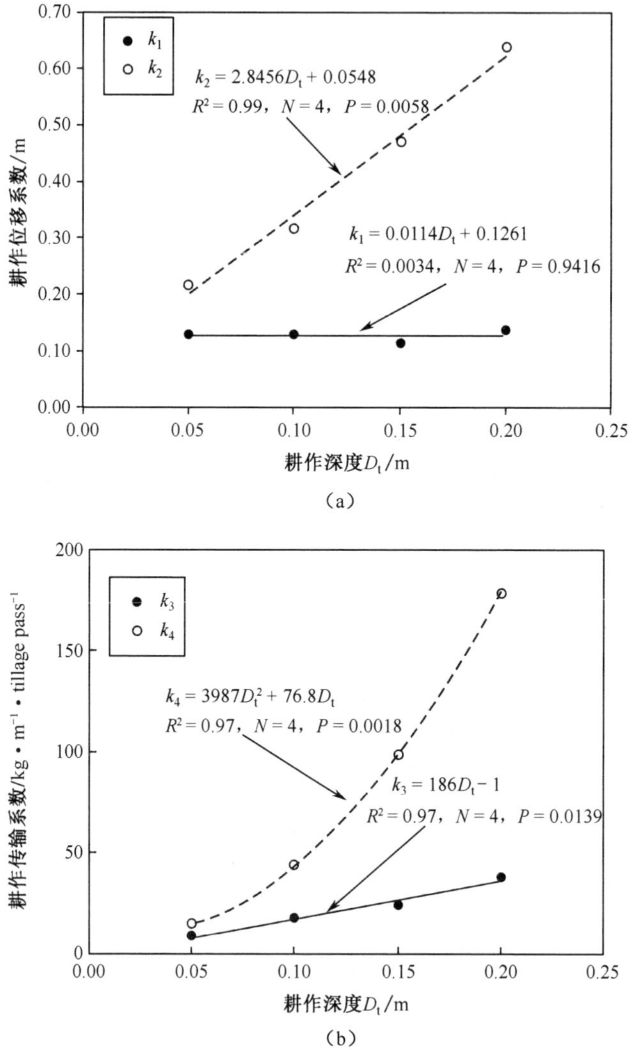

图 5.1　耕作位移系数（k_1 和 k_2）及耕作传输系数（k_3 和 k_4）与耕作深度之间的关系

Fig. 5.1　Relationship between displacement distance coefficients (k_1 and k_2), tillage transport coefficients (k_3 and k_4) and tillage depth

表 5.1　不同耕作深度下的耕作位移系数（k_1 和 k_2）及耕作传输系数（k_3 和 k_4）

Table 5.1　Displacement distance coefficients (k_1 and k_2) and tillage transport coefficients (k_3 and k_4) at different tillage depth

耕作深度/m	k_1/m	k_2/m	k_3/kg・m^{-1}・tillage pass^{-1}	k_4/kg・m^{-1}・tillage pass^{-1}
0.05	0.1299	0.2157	9	15
0.10	0.1293	0.3166	18	44
0.15	0.1143	0.4713	24	99
0.20	0.1368	0.6384	38	179

由图 5.2 可以看出，耕作位移随着坡度及耕作深度的增加呈增加趋势，这表明坡度及耕作深度是影响耕作位移的两个重要因子。

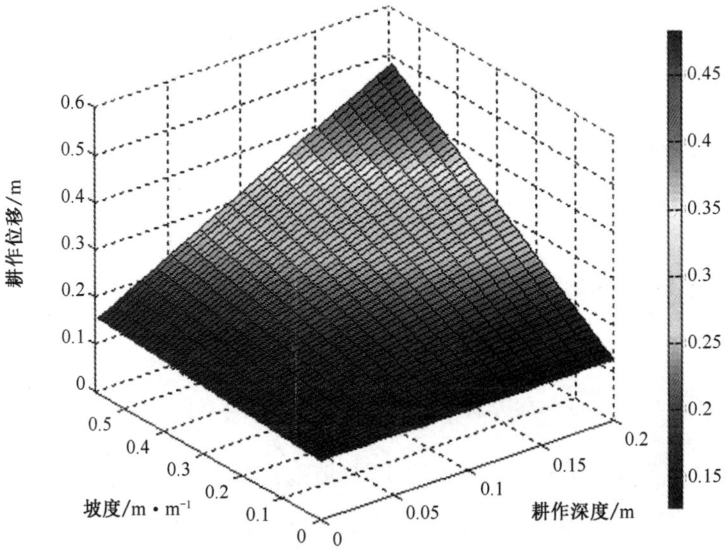

图 5.2　耕作位移与坡度及耕作深度的关系

Fig.5.2　Relationship of downslope displacement distance to tillage depth and slope gradient

耕作传输系数k_3、k_4与耕作深度呈显著的正相关关系，其中k_4与耕作深度呈极显著的相关关系（$P=0.0018$），而k_3与耕作深度的相关关系则相对较弱（$P=0.0139$）（见图5.1b）。耕作传输系数k_3、k_4与耕作深度之间的回归方程如下：

对于k_3：

$$k_3 = 186D_t - 1 \tag{5.3}$$

对于k_4：

$$k_4 = 3987D_t^2 + 76.8D_t \tag{5.4}$$

可以看出，耕作传输系数k_4与耕作深度之间的关系可以用二次函数来描述，而k_3随着耕作深度的增加则呈线性增长趋势。将式（5.3）和式（5.4）带入式（2.5），便可得到耕作传输速率与耕作深度及坡度之间的关系：

$$Q_s = (3987D_t^2 + 76.8D_t)S + 186D_t - 1 \tag{5.5}$$

将式（5.5）带入式（2.6）可得到耕作侵蚀速率与耕作深度、坡度及坡长之间的关系：

$$R = \frac{(3987D_t^2 + 76.8D_t)S + 186D_t - 1}{L_d} \cdot 10 \tag{5.6}$$

本研究涉及的坡耕地多为小块斑状分布，因此本研究将坡长设定为10 m，即L_d为10 m，带入式（5.6）可得：

$$R = (3987D_t^2 + 76.8D_t)S + 186D_t - 1 \tag{5.7}$$

通过图5.3可以看出，耕作深度及坡度都是影响耕作侵蚀速率的重要因子，其中，耕作侵蚀速率随着坡度的增加呈增加趋势，而随着耕作深度的增加呈二次函数关系。陡坡耕作及深耕都会导致严重的耕作侵蚀，而缓坡耕作及浅耕则是减少耕作侵蚀的重要且有效的方式。

表5.2所示为不同耕作工具导致的耕作位移与各影响因子的回归方程。在本研究中，耕作位移随着耕作深度的增加而增加。对于凿型犁来说，耕

作位移随着耕作深度的增加而减少（Van Muysen et al.，2000），这主要是因为锄耕的耕作机制与凿型犁的耕作机制不同。

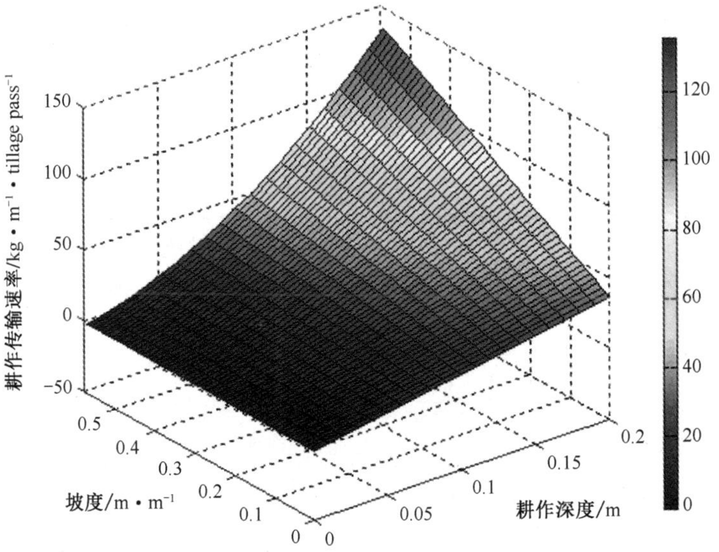

图 5.3 耕作侵蚀速率与耕作深度及坡度的关系

Fig. 5.3 Relationship of tillage erosion rates to tillage depth and slope gradient

表 5.2 不同耕作工具导致的耕作位移与各影响因子的回归方程

Table 5.2 Comparison of regression equations between soil displacement distance and influencing factors for different tillage implements

耕作工具	来源	研究区	耕作深度/m	耕作速度/m・s⁻¹	回归方程
锄头	本研究	中国云南	0.05～0.20	n.a.	$D_d = 0.1276 + (2.8456D_t + 0.0548)S$
凿型犁	Van Muysen et al.，2000	比利时	0.07～0.27	0.96～2.52	$D_d = (0.266 - 0.928S)\left(\frac{D_t}{0.1}\right)^{-0.377}\left(\frac{V}{1}\right)^{0.406}C^{-0.729}$

续表

耕作工具	来源	研究区	耕作深度/m	耕作速度/m·s^{-1}	回归方程
模板犁	Van Muysen et al.，2002		0.21～0.25	1.45～1.81	$D_d=(0.396-1.179S)\left(\frac{D_t}{0.25}\right)^{0.989}\left(\frac{V}{1.4}\right)^{0.406}$
	De Alba et al.，2006	意大利	0.27～0.45	1.1～1.3	$D_d=3.36-0.76S+38.54D_t$

注：D_d 为土壤在耕作方向的平均位移；S 为坡度；D_t 为耕作深度；V 为耕作速度；C 为耕作土壤的描述；n.a.为无数据。

对锄耕来说，农民挥动锄头将锄刃插入土壤的耕作层，然后用力翻动，将土壤拉拽至一定的距离。

土壤在离开锄刃的一刻会拥有一个大的加速度。因此，在重力与惯性的作用下，深耕将会导致土壤滚动更远的距离。同时，会在示踪区的下方形成一个“空洞”（见图 5.4），耕作深度越大，形成的“空洞”就会越大，造成的高差越大，形成的重力势能越大。

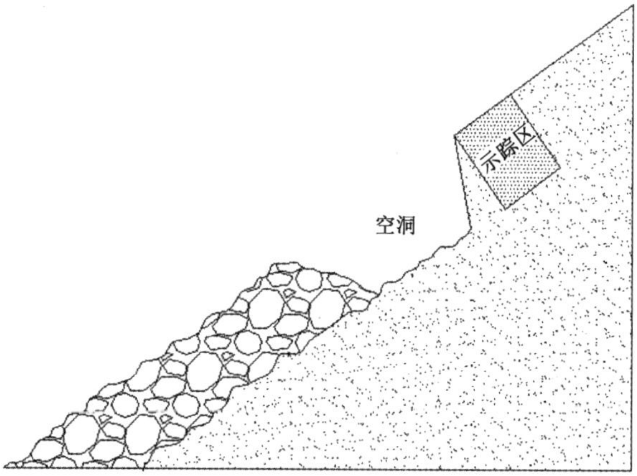

(a)

图 5.4　锄耕机制下的深耕（a）与浅耕（b）比较

Fig. 5.4　Comparison between (a) deep tillage and (b) shallow tillage for manual hoeing

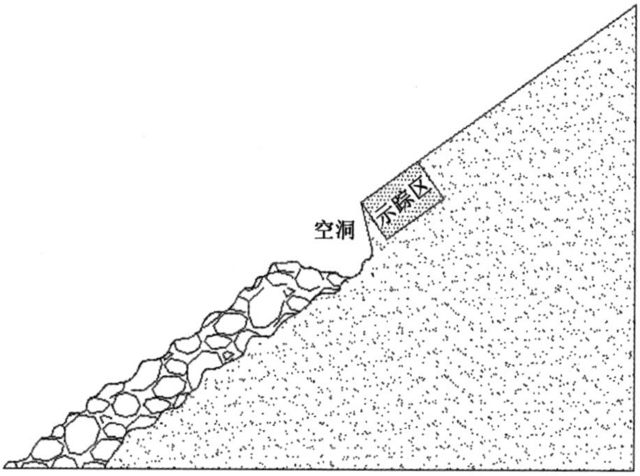

(b)

图 5.4　锄耕机制下的深耕（a）与浅耕（b）比较（续）

Fig. 5.4　Comparison between (a) deep tillage and (b) shallow tillage for manual hoeing

对于凿型犁耕作来说，耕作位移与耕作深度呈负相关关系的条件是其他影响因素不变，尤其是耕作速度相同（Van Muysen et al.，2000）。根据耕作侵蚀模型（Torri and Borselli，2002），模板犁导致的土壤耕作位移可以分成三个阶段：拉拽阶段、跳跃阶段及滚动阶段。然而对于凿型犁耕作来说，跳跃阶段可以忽略，因此，拉拽阶段与滚动阶段为凿型犁耕作的主要阶段。在滚动阶段，由于耕作速度是一定的，所以土壤在离开耕作工具时被给定的初始速度是相同的且与耕作深度无关。而在拉拽阶段，对于深耕来说，未耕作土壤的阻力则会起到主导的作用，并且耕作深度越大，阻力越大（见图 5.5）。所以对于凿型犁耕作来说，耕作位移与耕作深度呈负相关关系。

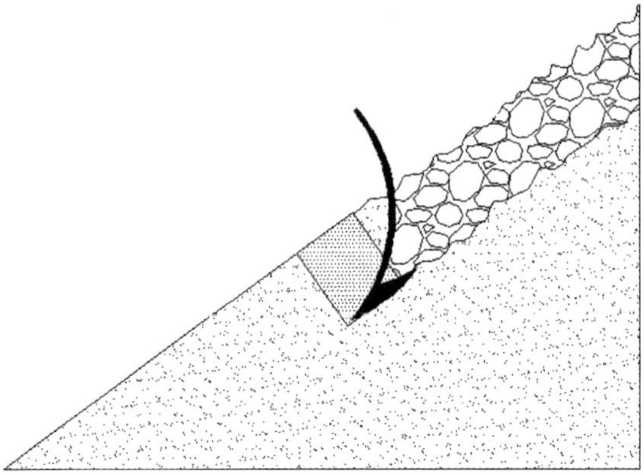

（a）

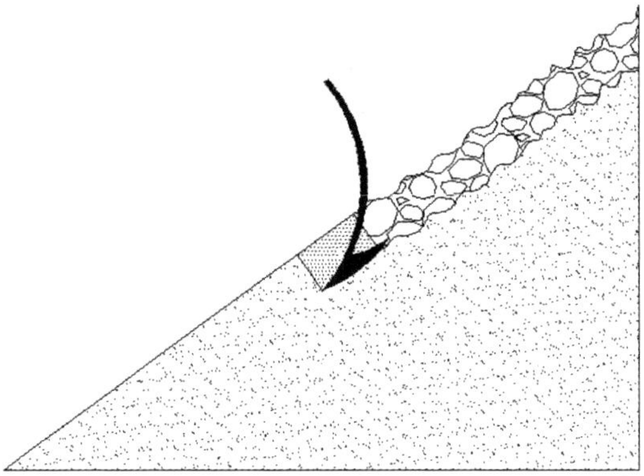

（b）

图 5.5　凿型犁耕作机制下的深耕（a）与浅耕（b）比较

Fig. 5.5　Comparison between (a) deep tillage and (b) shallow tillage for chisel plow

对于模板犁耕作来说，耕作位移与耕作深度呈显著的正相关关系（见表 5.2）。除此之外，De Alba 等人（2006）也得出同样的结论。这主要是因为对于模板犁耕作来说，耕作深度对耕作位移的影响与土壤在犁片上的停留时间密切相关。而停留时间随着耕作深度的增加而增加。许多关于模板犁耕作位移与耕作深度关系的研究也得出类似结论（Lobb et al.，1999b；Gerontidis et al.，2001；Van Oost et al.，2003；Heckrath et al.，2006）。

通过以上分析可以看出，耕作位移与耕作深度之间的关系主要取决于耕作工具的形状。耕作工具的形状包括两种：板式结构与齿状结构。锄头与模板犁是板式结构，而凿型犁是齿状结构。板式结构的工具主要通过拉拽力使得土壤向耕作方向发生位移。而齿状结构的工具则只是造成土壤扰动并且仅有一小部分土壤发生耕作位移。总之，对于板式结构的工具来说，耕作位移随着耕作深度的增加而增加；而对于齿状结构的工具来说，耕作位移随着耕作深度的增加而减少。因此，可以根据耕作位移随着耕作深度的变化规律来判定耕作过程中所用的耕作工具。

在锄耕的研究中，没有关于耕作速度对耕作位移的影响的研究，这主要是因为在锄耕的过程中，耕作速度不可控制且不稳定。然而在机械化耕作的区域，许多关于耕作深度对耕作位移的影响的研究都强调了耕作速度的重要性（Lobb et al.，1999b；Quine et al.，1999；Heckrath et al.，2006；Van Muysen et al.，2006；Tiessen et al.，2007a）。这主要是因为与锄耕相比，大部分的机械化耕作都是由拖拉机作为动力装置的，所以拖拉机的位移速度便为耕作速度，而拖拉机的位移速度具有可调控性及稳定性。

与 0.20 m 耕作深度相比，0.10 m 耕作深度下的耕作传输系数 k_3 和 k_4 分别降低了 53%和 75%。这与 Zhang 等人（2009）在关于不翻转耕作与常规耕作在降低耕作传输系数的研究中得出的结论类似。在减少耕作侵蚀速率方面，虽然 0.10 m 耕作深度与不翻转的耕作方式类似，但是 0.10 m 耕作深度仅仅对表层土壤起到疏松作用，而对深层土壤没有作用。因此，不翻转耕作可以更好地疏松土壤并且增加土壤的透气性。

在 0.20 m 耕作深度下，本研究中的耕作传输系数 k_3 和 k_4（38 和 179 kg • m^{-1} • tillage $pass^{-1}$）比其他研究区大（Zhang et al.，2004a，2004b，2009）（见表5.3）。这主要是由于锄头的宽度不同引起的。宽度越宽，造成的耕作侵蚀越严重。因此，对于锄耕而言，减小锄头的宽度也是减少耕作侵蚀的有效方法。耕作工具制造者也可以利用这些原理来制造出更多减少耕作侵蚀的工具（Marques da Silva et al.，2004）。

表 5.3 不同尺寸的锄头下的耕作传输系数对比

Table 5.3 Tillage transport coefficients by manual hoeing tillage with different hoe blade width

数据来源	研究区	坡度/ $m \cdot m^{-1}$	耕作工具尺寸（宽×高）/m	耕作深度/m	耕作传输系数（k_3、k_4）/ $kg \cdot m^{-1} \cdot tillage\ pass^{-1}$
本研究	中国云南	0.09～0.58	0.17 × 0.21	0.05	9（k_3）；15（k_4）
				0.10	18（k_3）；44（k_4）
				0.15	24（k_3）；99（k_4）
				0.20	38（k_3）；179（k_4）
Turkelboom et al., 1999	泰国	0.03～0.70	0.158 × 0.157	0.08	13（k_3）；77（k_4）
Kimaro et al., 2005	坦桑尼亚	0.31～0.67	0.165 × 0.185	0.05	108 or 84
Zhang et al., 2004a	中国四川	0.04～0.43	0.09 × 0.24	0.22	31（k_3）；141（k_4）
Zhang et al., 2004b	中国重庆	0.04～0.43	0.09 × 0.24	0.22	30（k_3）；139（k_4）
Zhang et al., 2009	中国重庆	0.08～0.65	0.09 × 0.24	0.17	37（k_3）；118（k_4）
Zhang et al., 2009	中国重庆	0.08～0.65	0.09 × 0.24	0.19	17（k_3）；35（k_4）（不翻转耕作方式）

与 0.20 m 耕作深度相比，在 0.15 m、0.10 m 和 0.05 m 耕作深度下，耕作传输系数 k_4 分别降低了约 45%、75% 和 92%。这表明降低耕作深度也是减少耕作侵蚀的有效方法。Van Muysen 等人（2002）关于模板犁的耕作深度对耕作侵蚀速率的影响的研究也得出类似的结论。

然而对于凿型犁来说，Van Muysen 等人（2000）的研究表明，与 0.20 m 耕作深度相比，在 0.15 m、0.10 m 和 0.05 m 耕作深度下，耕作传输系数 k_4 仅分别降低了约 16%、35% 和 58%（见表 5.4）。

这表明，在通过降低耕作深度来减少耕作侵蚀方面，板式结构工具比齿状结构工具更加有效。

表 5.4　在机械化耕作区不同耕作深度下的耕作传输系数

Table 5.4　Tillage transport coefficients by different tillage depths in mechanized agriculture areas

耕作工具	数据来源	研究区	耕作速度/ m • s^{-1}	耕作深度/m	耕作传输系数/ kg • m^{-1} • tillage pass^{-1}
凿型犁	Van Muysen et al.，2000a	比利时	1.5	0.05	82
				0.10	126
				0.15	162
				0.20	194
模板犁	Van Muysen et al.，2002a			0.05	9
				0.10	37
				0.15	84
				0.20	149

[a] 耕作传输系数由文献中所给出的模型计算得出。

由以上分析可知，耕作深度和锄头的宽度是影响耕作侵蚀的重要因子。在耕作过程中，土壤—锄刃接触面积为耕作深度与锄头宽度的乘积，可以将两个影响因子综合起来。由图 5.6 可以看出，耕作传输系数 k_4 与土壤—锄刃接触面积呈显著的正相关关系，可用以下回归方程表示：

$$k_4 = 17.18 + 0.4611C_a \tag{5.8}$$

式中：

k_4 为耕作传输系数（kg • m^{-1} • tillage pass^{-1}）；

C_a 为土壤—锄刃接触面积（cm^2）。

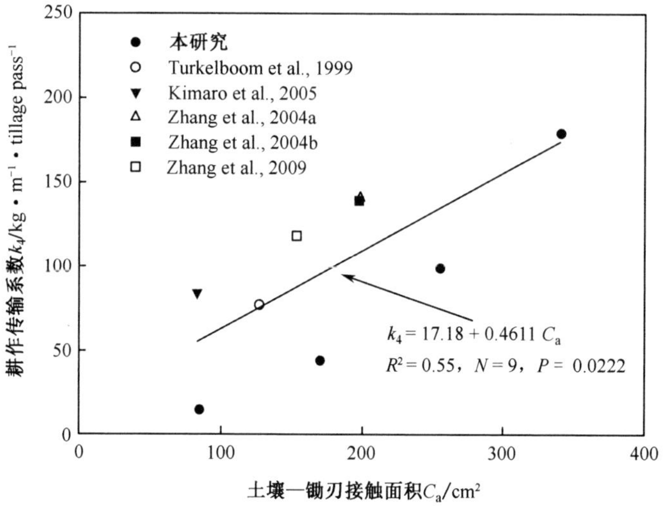

图 5.6　耕作传输系数 k_4 与土壤—锄刃接触面积的关系

Fig. 5.6　Tillage transport coefficient k_4 vs. soil-implement contact area

在本研究中，由于锄头宽度一定，所以耕作深度的变化也就代表了土壤—锄刃接触面积的变化。

对凿型犁和模板犁来说，已经有关于耕作传输系数与耕作深度之间的关系的研究，然而土壤—犁头接触面积对耕作侵蚀的影响的研究还没有（Van Muysen et al.，2000，2002；De Alba et al.，2006）。这主要是由于凿型犁及模板犁的犁头形状不规则，这也增加了将耕作深度转化成土壤—犁头接触面积的难度。

由式（5.8）可以看出，在耕作过程中，土壤—锄刃接触面积可以很好地反映耕作传输系数的变化状况。前文中所提到的浅耕与减小锄头宽度都是通过减小土壤—锄刃接触面积来减少耕作侵蚀的。利用这一理论，在实际生产中，在减少耕作侵蚀的同时，可以制定更加符合实际情况的耕作方案。比如，对于某一些需要深耕的农作物来说，可以通过减少锄头的宽度来减少耕作侵蚀。同时，对于特定尺寸的耕作工具来说，降低耕作深度则是最有效地减少耕作侵蚀的方法。

5.1.2　耕作深度因子临界值确定

根据耕作侵蚀强度的分级标准，将不同的耕作侵蚀强度带入式（5.5），可以得到不同坡度、不同耕作侵蚀强度下耕作深度的临界值，如表 5.5 所示。

表 5.5　不同坡度、不同耕作侵蚀强度下耕作深度的临界值

Table 5.5　The threshold value of tillage depth under different tillage erosion intensity

坡度	深度临界值/m					
	微度侵蚀	轻度侵蚀	中度侵蚀	强烈侵蚀	极强烈侵蚀	剧烈侵蚀
5°	＜0.05	0.05～0.11	0.11～0.20	0.20～0.33	0.33～0.40	＞0.40
6°	＜0.05	0.05～0.11	0.11～0.19	0.19～0.31	0.31～0.37	＞0.37
7°	＜0.05	0.05～0.10	0.10～0.18	0.18～0.30	0.30～0.35	＞0.35
8°	＜0.05	0.05～0.10	0.10～0.17	0.17～0.28	0.28～0.34	＞0.34
9°	＜0.05	0.05～0.10	0.10～0.17	0.17～0.27	0.27～0.32	＞0.32
10°	＜0.05	0.05～0.09	0.09～0.16	0.16～0.26	0.26～0.31	＞0.31
11°	＜0.05	0.05～0.09	0.09～0.16	0.16～0.25	0.25～0.30	＞0.30
12°	＜0.05	0.05～0.09	0.09～0.15	0.15～0.25	0.25～0.29	＞0.29
13°	＜0.04	0.04～0.09	0.09～0.15	0.15～0.24	0.24～0.28	＞0.28
14°	＜0.04	0.04～0.09	0.09～0.15	0.15～0.23	0.23～0.27	＞0.27
15°	＜0.04	0.04～0.08	0.08～0.14	0.14～0.23	0.23～0.27	＞0.27
16°	＜0.04	0.04～0.08	0.08～0.14	0.14～0.22	0.22～0.26	＞0.26
17°	＜0.04	0.04～0.08	0.08～0.14	0.14～0.21	0.21～0.25	＞0.25

续表

坡度	深度临界值/m					
	微度侵蚀	轻度侵蚀	中度侵蚀	强烈侵蚀	极强烈侵蚀	剧烈侵蚀
18°	<0.04	0.04～0.08	0.08～0.13	0.13～0.21	0.21～0.25	>0.25
19°	<0.04	0.04～0.08	0.08～0.13	0.13～0.20	0.20～0.24	>0.24
20°	<0.04	0.04～0.08	0.08～0.13	0.13～0.20	0.20～0.24	>0.24
21°	<0.04	0.04～0.08	0.08～0.13	0.13～0.20	0.20～0.23	>0.23
22°	<0.04	0.04～0.07	0.07～0.12	0.12～0.19	0.19～0.23	>0.23
23°	<0.04	0.04～0.07	0.07～0.12	0.12～0.19	0.19～0.22	>0.22
24°	<0.04	0.04～0.07	0.07～0.12	0.12～0.18	0.18～0.22	>0.22
25°	<0.04	0.04～0.07	0.07～0.12	0.12～0.18	0.18～0.21	>0.21
26°	<0.04	0.04～0.07	0.07～0.11	0.11～0.18	0.18～0.21	>0.21
27°	<0.04	0.04～0.07	0.07～0.11	0.11～0.17	0.17～0.20	>0.20
28°	<0.04	0.04～0.07	0.07～0.11	0.11～0.17	0.17～0.20	>0.20
29°	<0.04	0.04～0.07	0.07～0.11	0.11～0.17	0.17～0.20	>0.20
30°	<0.04	0.04～0.07	0.07～0.11	0.11～0.17	0.17～0.19	>0.19

耕作侵蚀强度控制在微度侵蚀的指标下，在坡度为 5°～12° 的坡耕地，耕作深度应当小于 0.05 m；在坡度为 13°～30° 的坡耕地，耕作深度应当小于 0.04 m。

耕作侵蚀强度控制在轻度侵蚀的指标下，在坡度为 5°～6° 的坡耕地，耕作深度为 0.05～0.11 m；在坡度为 7°～9° 的坡耕地，耕作深度为 0.05～0.10 m；在坡度为 10°～12° 的坡耕地，耕作深度为 0.05～0.09 m；在坡度为 13°～14° 的坡耕地，耕作深度为 0.04～0.09 m；在坡度为 15°～21° 的坡耕地，耕作深度为 0.04～0.08 m；在坡度为 21°～30° 的坡耕地，耕作深度为 0.04～0.07 m。

耕作侵蚀强度控制在中度侵蚀的指标下，在坡度为分别为 5°、6° 和 7° 的坡耕地，耕作深度分别为 0.11～0.20 m、0.11～0.19 m 和 0.10～0.18 m；在坡度为 8°～9° 的坡耕地，耕作深度为 0.10～0.17 m；在坡度为 10°～11° 的坡耕地，耕作深度为 0.09～0.16 m；在坡度为 12°～14° 的坡耕地，耕作深度为 0.09～0.15 m；在坡度为 15°～17° 的坡耕地，耕作深度为 0.08～0.14 m；在坡度为 18°～21° 的坡耕地，耕作深度为 0.08～0.13 m；在坡度为 22°～25° 的坡耕地，耕作深度为 0.07～0.12 m；在坡度为 26°～30° 的坡耕地，耕作深度为 0.07～0.11 m。

耕作侵蚀强度控制在强烈侵蚀的指标下，耕作深度临界下限值在 5° 坡面为 0.20 m，并且随着坡度的增加而逐渐减小至 30° 坡面的 0.11 m；耕作深度的临界上限值在 5° 坡面为 0.33 m，并且随着坡度的增加而逐渐减小至 30° 坡面的 0.17 m。

耕作侵蚀强度控制在极强烈侵蚀的指标下，在坡度分别为 5°、6° 和 7° 的坡耕地，耕作深度分别为 0.33～0.40 m、0.31～0.37 m 和 0.30～0.35 m；随着坡度的增加，耕作深度的临界上限值及下限值也在逐渐降低，到坡度为 18° 的坡耕地，耕作深度降低为 0.21～0.25 m。在坡度为 19°～21° 的坡耕地，耕作深度的临界下限值为 0.20 m，而上限值则为 0.24 m 和 0.23 m；在坡度为 22°～26° 的坡耕地，耕作深度分别为 0.19～0.23 m、0.19～0.22 m、0.18～0.22 m、0.18～0.21 m 和 0.18～0.21 m；在坡度为 27°～29° 的坡耕地，耕作深度为 0.17～0.20 m；在坡度为 30° 的坡耕地，耕作深度为 0.17～0.19 m。

耕作侵蚀强度控制在剧烈侵蚀的指标下，在坡度为 5°～26° 的坡耕地，耕作深度从大于 0.40 m 逐渐降低到大于 0.21 m；在坡度为 27°～29° 的坡耕地，耕作深度为大于 0.20 m；在坡度为 30° 的坡耕地，耕作深度为大于 0.19 m。

5.2 耕作角度因子

5.2.1 在顺坡（0°）耕作下与 45° 耕作下的耕作侵蚀速率

在顺坡耕作下与 45° 耕作下，耕作位移与坡度的关系如图 5.7 所示，可以看出，在两种耕作情况下，耕作位移都与坡度呈显著正相关关系（$P=0.0004$ 和 $P=0.0018$）。在 45° 耕作下，耕作位移与坡度的关系可以用以下公式表示：

$$D_d = 0.3714S + 0.1355 \tag{5.9}$$

式中：

D_d 为耕作位移（m）；

S 为坡度（$m \cdot m^{-1}$）。

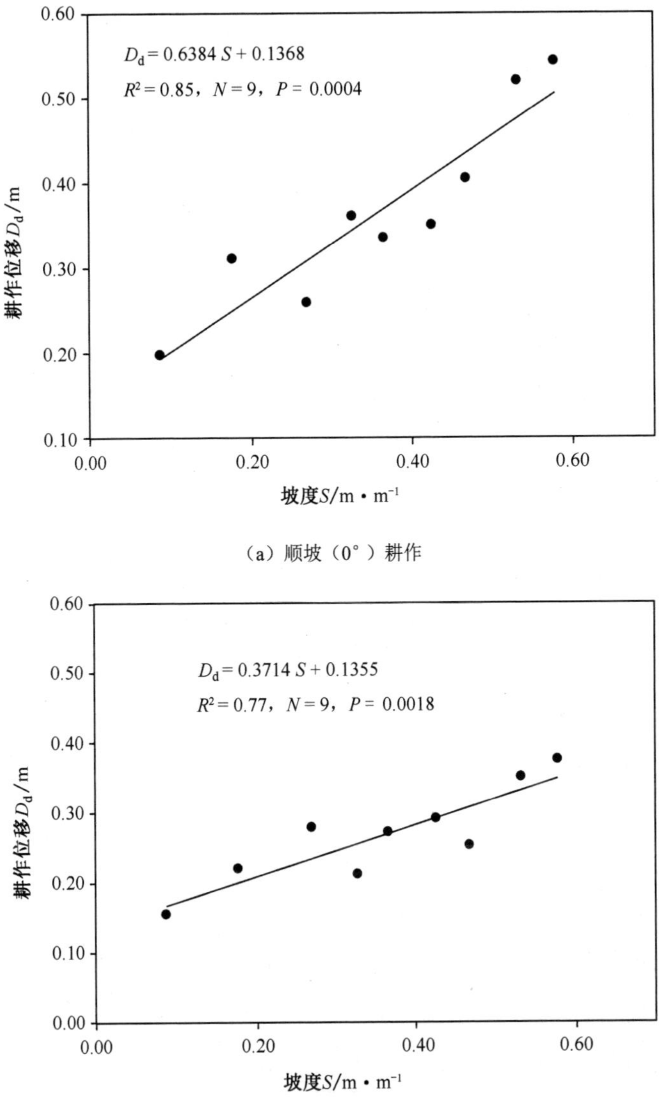

（a）顺坡（0°）耕作

（b）45° 耕作

图 5.7　耕作位移与坡度的关系

Fig. 5.7　Mean downslope displacement vs. slope gradient for

表 5.6 所示为在顺坡耕作和 45° 耕作下的耕作位移及耕作侵蚀速率。在 45° 耕作下，耕作位移为 0.1556～0.3759 m，平均值为 0.2684 m，变异系数为 25.49%。与顺坡耕作相比，在 45° 耕作下，平均耕作位移降低了 26.51%。这主要是因为造成土壤向下位移的主要驱动力来自锄头拉力及土壤所受到的重力沿着顺坡方向的分力。

表 5.6　在顺坡耕作和 45° 耕作下的耕作位移及耕作侵蚀速率

Table 5.6　Soil translocation, tillage erosion rates and relevant data for downslope tillage and 45°　tillage

坡度/ $m \cdot m^{-1}$	顺坡耕作			45° 耕作		
	耕作位移/m	耕作传输速率/ $kg \cdot m^{-1} \cdot tillage\ pass^{-1}$	耕作侵蚀速率/[1] $Mg \cdot ha^{-1} \cdot tillage\ pass^{-1}$	耕作位移/m	耕作传输速率/ $kg \cdot m^{-1} \cdot tillage\ pass^{-1}$	耕作侵蚀速率/[1] $kg \cdot m^{-1} \cdot tillage\ pass^{-1}$
0.0874	0.1982	53.64	53.64	0.1556	47.10	47.10
0.1763	0.3113	69.56	69.56	0.2212	56.34	56.34
0.2679	0.2592	85.95	85.95	0.2794	65.86	65.86
0.3249	0.3611	96.16	96.16	0.2130	71.79	71.79
0.3640	0.3359	103.16	103.16	0.2725	75.86	75.86
0.4245	0.3517	113.99	113.99	0.2923	82.15	82.15
0.4663	0.4058	121.47	121.47	0.2536	86.50	86.50
0.5317	0.5205	133.17	133.17	0.3517	93.30	93.30
0.5773	0.5432	141.34	141.34	0.3759	98.04	98.04
平均值	0.3652	102.05	102.05	0.2684	75.22	75.22
变异系数（%）	30.70	28.41	28.41	25.49	22.39	22.39

[1]耕作侵蚀速率计算以 10 m 坡长为标准。

对于顺坡耕作与 45° 耕作这两种耕作角度来说，在坡度一定的情况下，土壤所受到的重力在顺坡方向的分力不变，则造成土壤向下位移差距的主要原因就是锄头拉力沿着顺坡方向的分力。

对于顺坡耕作来说，锄头对土壤的拉力方向沿着坡面向下，即锄头拉力的方向与土壤位移的方向一致，锄头拉力所做的功全部用来拉动土壤向下位移。

而对于 45° 耕作角度来说，锄头拉力的方向与土壤位移的方向呈 45°，因此，锄头在土壤耕作位移方向的分力就是驱动土壤向下位移的主要动力之一。

根据经典力学，可以将锄头的拉力分解为顺坡方向与水平方向，锄头在顺坡方向的分力在土壤位移中起到了驱动作用，而在水平方向的分力则不会对土壤位移起到驱动作用。所以，锄头拉力在顺坡方向的分力可用锄头拉力与耕作方向余弦值的乘积计算得到，可表示为：

$$F_1 = F\cos\omega \tag{5.10}$$

式中：

F_1 为锄头在顺坡方向的分力（N）；

F 为锄头拉力（N）；

ω为耕作角度（°）。

由式（5.10）可以看出，对于 45° 耕作角度来说，在相同的锄头拉力情况下，顺坡方向拉动土壤向下位移的拉力大小 $F_1 = 0.707F$，而当顺坡耕作时，$F_1 = F$。

因此，与顺坡耕作相比较，45° 耕作角度可以减少 29.2%的耕作位移。

模拟耕作试验得到的结果与运用经典力学理论推导得出的结论类似。

在顺坡耕作下，耕作侵蚀速率为53.64～141.34 Mg • ha^{-1} • tillage $pass^{-1}$，平均值为 102.05 Mg • ha^{-1} • tillage $pass^{-1}$，变异系数为 28.41%。在 45°耕作下，耕作侵蚀速率为 47.10～98.04 Mg • ha^{-1} • tillage $pass^{-1}$，平均值为 75.22 Mg • ha^{-1} • tillage $pass^{-1}$，变异系数为 22.39%。

与顺坡耕作相比，45° 耕作可以减少 26.72%的耕作侵蚀，这说明 45° 耕作能够有效地减少耕作侵蚀。

与顺坡耕作相比，45° 耕作不仅能够减少耕作侵蚀导致的土壤顺坡位移，还会导致部分土壤水平位移。尤其是在坡度比较陡的坡耕地上，农民在陡峭的坡面站立及向上移动比较困难，而 45° 耕作则可有效降低农民直接向上耕作的困难。因此，45° 耕作作为一种耕作方式不仅能够降低农民在陡坡耕作的困难，也可以有效地减少耕作侵蚀，应该在耕作侵蚀严重的地区积极推广。

5.2.2 在等高耕作下的耕作侵蚀速率

与顺坡耕作及 45° 耕作不同，等高耕作不仅会造成大部分土壤沿着顺坡方向移动，还会导致小部分土壤沿着逆坡方向移动。本研究将顺坡方向设定为正方向，逆坡方向为负方向。因此，在等高耕作下，沿着顺坡方向移动的土壤位移为正值，沿着逆坡方向移动的土壤位移则为负值。等高耕作导致的净土壤位移便为土壤的顺坡位移（正值）与逆坡位移（负值）之和。

图 5.8 所示为在等高耕作下顺坡位移、逆坡位移与坡度的关系。可以看出，顺坡位移、逆坡位移都与坡度无显著相关关系（$P>0.05$）。这主要是因为农民在等高耕作的过程中，每次挥动锄头所用的力气具有随机性。对于逆坡耕作来说，逆坡方向的土壤位移主要来源于锄头进入土壤时造成

土壤向逆坡方向的飞溅，这主要是由农民在挥动锄头时所用的力气大小决定的，与坡度无相关性。而顺坡方向的土壤位移则包括两部分，其中一部分来源于锄头进入土壤时造成的土壤向顺坡方向的飞溅，另一部分则来源于锄头将土壤挖掘出来并且翻动时所造成土壤在重力的作用下的向下移动。

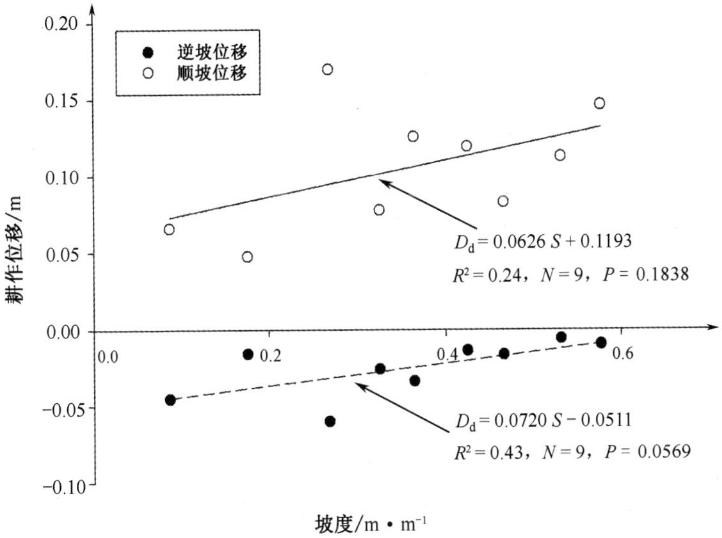

图 5.8　在等高耕作下顺坡位移、逆坡位移与坡度的关系

Fig. 5.8　Relationship of mean downslope and upslope displacement distance to slope gradient for contour tillage

图 5.9 所示为等高耕作导致的净土壤位移与坡度的关系，可用下式表示：

$$D_{\mathrm{d}} = 0.1550S + 0.0291 \quad (5.11)$$

式中：

D_{d} 为耕作位移（m）；

S 为坡度（$\mathrm{m \cdot m^{-1}}$）。

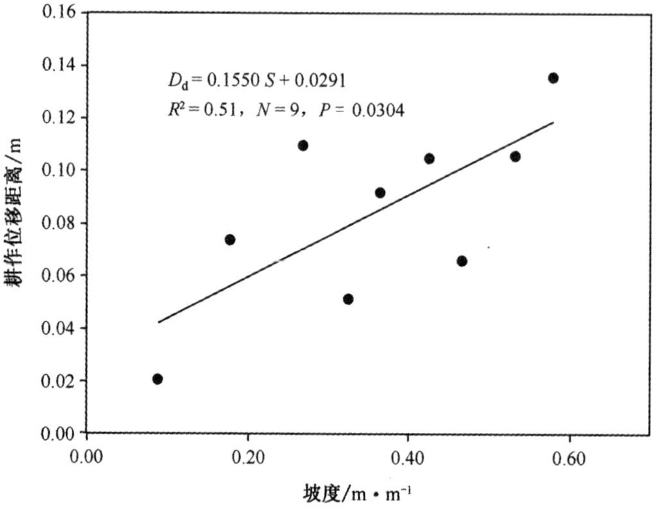

图 5.9　等高耕作导致的净土壤位移与坡度的关系

图 5.9　Net downslope displacement distance vs. slope gradient for contour tillage

由图 5.9 可以看出，净土壤位移与坡度存在显著相关关系（P = 0.0304），这表明坡度也是影响等高耕作导致的耕作侵蚀的重要因子。

表 5.7 所示为等高耕作导致的耕作位移及耕作侵蚀速率。坡度为 0.0874～0.5773 m • m^{-1} 时，等高耕作导致的逆坡耕作位移为-0.0063～-0.0599 m，平均值为-0.0254 m，变异系数为-70.44%，而导致的顺坡耕作位移为 0.0659～0.1696 m，平均值为 0.1052，变异系数为 37.72%。净耕作位移为 0.0206～0.1360 m，平均值为 0.0799 m，变异系数为 49.18%。并且顺坡方向的耕作位移显著高于逆坡方向的耕作位移（P < 0.01）。

表 5.7　等高耕作导致的耕作位移及耕作侵蚀速率

Table 5.7　Soil translocation, tillage erosion rates and relevant data for contour tillage

坡度/ m·m^{-1}	顺坡位移/m	逆坡位移/m	净耕作位移/m	顺坡耕作传输速率/ kg·m^{-1}·tillage pass^{-1}	逆坡耕作传输速率/ kg·m^{-1}·tillage pass^{-1}	净耕作传输速率/ kg·m^{-1}·tillage pass^{-1}	耕作侵蚀速率/① Mg·ha^{-1}·tillage pass^{-1}
0.0874	0.0659	−0.0453	0.0206	18.47	−12.69	5.77	5.77
0.1763	0.0477	−0.0159	0.0319	13.37	−4.46	8.94	8.94
0.2679	0.1696	−0.0599	0.1097	47.52	−16.78	30.74	30.74
0.3249	0.0777	−0.0262	0.0515	21.77	−7.34	14.43	14.43
0.3640	0.1257	−0.0339	0.0918	35.22	−9.50	25.72	25.72
0.4245	0.1193	−0.0140	0.1053	33.43	−3.92	29.51	29.51
0.4663	0.0827	−0.0167	0.0660	23.17	−4.68	18.49	18.49
0.5317	0.1125	−0.0063	0.1062	31.52	−1.77	29.76	29.76
0.5773	0.1461	−0.0101	0.1360	40.94	−2.83	38.11	38.11
平均值	0.1052	−0.0254	0.0799	29.49	−7.11	22.38	22.38
变异系数（%）	37.72	−70.44	49.18	37.72	−70.44	49.18	49.18

①　耕作侵蚀速率计算以 10 m 坡长为标准。

由表 5.7 可以看出，在等高耕作过程中，土壤在顺坡方向及逆坡方向都会有一定的耕作位移，这主要是因为在耕作过程中锄头的作用会导致土壤向垂直于耕作方向两侧发生移动。对于逆坡位移来说，这主要是由于当锄头进入土壤时，将会有很少部分土壤在获得一定的初始速度后分别向锄头上方及下方发生位移，从而产生逆坡位移及部分顺坡位移。当锄头拉动并翻动土壤时，大部分土壤会发生横向位移，而有一小部分在重力的作用下，会沿着坡面的方向发生顺坡移动，这就导致了顺坡方向的位移要显著大于逆坡方向的位移。

坡度为 0.0874～0.5773 $m \cdot m^{-1}$ 时，等高耕作导致的顺坡耕作传输速率为 18.47～47.52 $kg \cdot m^{-1} \cdot tillage\ pass^{-1}$，平均值为 29.49 $kg \cdot m^{-1} \cdot tillage\ pass^{-1}$，变异系数为 37.72%；逆坡耕作传输速率为-16.78～-1.77 $kg \cdot m^{-1} \cdot tillage\ pass^{-1}$ 之间，平均值为-7.11 $kg \cdot m^{-1} \cdot tillage\ pass^{-1}$，变异系数为-70.40%。等高耕作导致的耕作侵蚀速率为 5.77～38.11 $Mg \cdot ha^{-1} \cdot tillage\ pass^{-1}$，平均值为 22.38 $Mg \cdot ha^{-1} \cdot tillage\ pass^{-1}$，变异系数为 49.18%。

与顺坡耕作相比，等高耕作可以使耕作侵蚀速率减少 77.73%；而与 45° 耕作相比，等高耕作可以使耕作侵蚀减少 70.23%。

张建辉等人（2004）在川中丘陵区通了一系列的模拟试验得出，在顺坡耕作中土壤的横向位移显著小于土壤的顺坡位移，并且土壤的横向位移与坡度呈显著的负相关关系。因此，等高耕作是一种有效地减少坡耕地耕作侵蚀的耕作方法。

5.2.3 在 135° 耕作下的耕作侵蚀速率

图 5.10 为在 135° 耕作下顺坡位移、逆坡位移与坡度的关系，可用以下公式表示：

$$D_{d1} = 0.2754S + 0.0628 \tag{5.12}$$

$$D_{d2} = 0.1435S + 0.1492 \tag{5.13}$$

式中：

D_{d1} 为顺坡位移（m）；

D_{d2} 为逆坡位移（m）；

S 为坡度（$m \cdot m^{-1}$）。

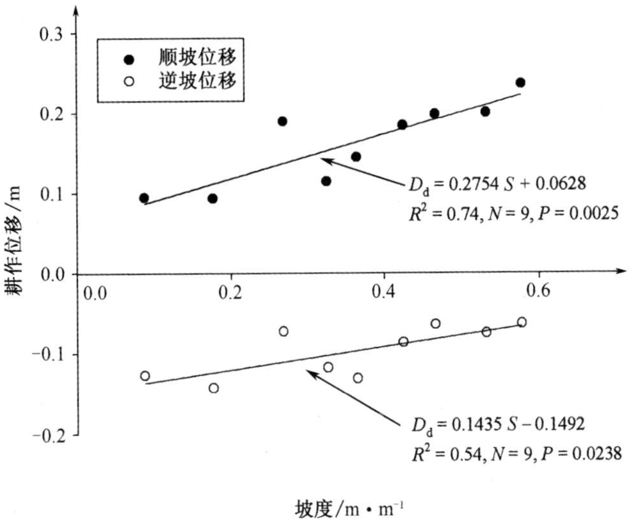

图 5.10　在 135° 耕作下顺坡位移、逆坡位移与坡度的关系

Fig. 5.10　Relationship of mean downslope and upslope displacement distance to slope gradient for 135° tillage

式（5.12）为顺坡位移与坡度的关系，式（5.13）为逆坡位移与坡度的关系。可以看出，在 135° 耕作下，顺坡位移与逆坡位移都与坡度呈显著的正相关关系（P = 0.0025 和 P=0.0238）。这是因为在耕作过程中，土壤逆坡位移主要是由锄头的拉力沿逆坡方向的分力和重力在顺坡方向的分力的综合作用力导致的。由于拉力方向沿着逆坡方向，而重力在顺坡方向的分力是沿着坡面的顺坡方向的，所以，当锄头的拉力不变时，重力在顺坡方向的分力随着坡度的增加而增大，导致土壤发生逆坡位移的力就不断变小。因此，逆坡位移与坡度呈显著正相关关系。在耕作过程中，土壤的顺坡位移是由重力沿着顺坡方向的分力导致的。所以，随着坡度的增加，重力沿着顺坡方向的分力增加，因此，土壤顺坡位移与坡度呈显著正相关关系。图 5.11 所示为在 135° 耕作下净顺坡位移与坡度的关系，可用以下公

式表示：

$$D_d = 0.4189S - 0.0863 \tag{5.14}$$

式中：

D_d 为净顺坡位移（m）；

S 为坡度（$m \cdot m^{-1}$）。

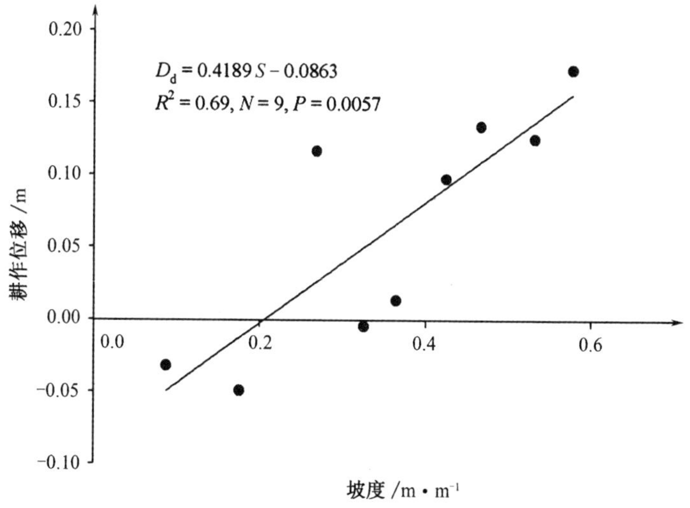

图 5.11　在 135° 耕作下净顺坡位移与坡度的关系

Fig. 5.11　Net downslope displacement distance vs. slope gradient for 135° tillage

可以看出，净顺坡位移与坡度之间呈显著正相关关系（$P = 0.0057$），这表明对于 135° 耕作来说，坡度是影响耕作位移的重要因子。根据坡度与耕作位移之间的回归方程可以算出，在坡度为 0.2060 $m \cdot m^{-1}$ 时，耕作位移约为 0。这是因为在这一坡度时，土壤的逆坡位移与顺坡位移相同。当在低于 0.2060 $m \cdot m^{-1}$ 的坡度进行 135° 耕作时，土壤发生逆坡方向的净位移；而当在大于 0.2060 m • m^{-1} 的坡度进行 135° 耕作时，则会发生顺坡方向的净位移，并且位移随着坡度的增加而增加。

表 5.8 所示为在 135° 耕作下，土壤耕作位移及耕作侵蚀速率。坡度为 0.0874～0.5773 m • m^{-1} 时，等高耕作导致的逆坡位移为−0.0632～−0.1426 m，平均值为−0.0978 m，变异系数为−32.29%，而导致的顺坡位移为 0.0947～0.2356 m，平均值为 0.1614 m，变异系数为 31.93%。净耕作位移为−0.0492～0.1724 m，平均值为 0.0636 m，变异系数为 128.69%。

表 5.8　在 135°耕作下，土壤耕作位移及耕作侵蚀速率

Table 5.8　Soil translocation, tillage erosion rates and relevant data for 135° tillage

坡度/m • m^{-1}	顺坡位移/m	逆坡位移/m	净耕作位移/m	顺坡耕作传输速率/kg • m^{-1} • tillage pass^{-1}	逆坡耕作传输速率/kg • m^{-1} • tillage pass^{-1}	净耕作传输速率/kg • m^{-1} • tillage pass^{-1}	耕作侵蚀速率/[①] Mg • ha^{-1} • tillage pass^{-1}
0.0874	0.0947	−0.1269	−0.0322	26.54	−35.56	−9.02	−9.02
0.1763	0.0934	−0.1426	−0.0492	26.17	−39.96	−13.79	−13.79
0.2679	0.1890	−0.0725	0.1165	52.96	−20.31	32.64	32.64
0.3249	0.1136	−0.1182	−0.0046	31.83	−33.12	−1.29	−1.29
0.3640	0.1444	−0.1311	0.0133	40.46	−36.73	3.73	3.73
0.4245	0.1838	−0.0865	0.0973	51.50	−24.24	27.26	27.26
0.4663	0.1980	−0.0643	0.1337	55.48	−18.02	37.46	37.46
0.5317	0.1999	−0.0751	0.1248	56.01	−21.04	34.97	34.97
0.5773	0.2356	−0.0632	0.1724	66.02	−17.71	48.31	48.31
平均值	0.1614	−0.0978	0.0636	45.22	−27.41	17.81	17.81
变异系数（%）	31.93	−32.29	128.69	31.93	−32.29	128.69	128.69

[①]耕作侵蚀速率计算以 10 m 坡长为标准。

坡度为0.0874～0.5773 m·m^{-1}时，135°耕作导致的顺坡耕作传输速率为26.17～66.20 kg·m^{-1}·tillage pass^{-1}，平均值为45.22 kg·m^{-1}·tillage pass^{-1}，变异系数为31.93%；逆坡耕作传输速率为-39.96～-17.71 kg·m^{-1}·tillage pass^{-1}，平均值为-27.41 kg·m^{-1}·tillage pass^{-1}，变异系数为-32.29%。135°耕作导致的净耕作侵蚀速率为-13.97～48.31 Mg·ha^{-1}·tillage pass^{-1}，平均值为17.81 Mg·ha^{-1}·tillage pass^{-1}，变异系数为128.69%。

与等高耕作相比较，135°耕作可使耕作侵蚀速率减少20.42%，这主要是因为135°耕作导致部分土壤发生了逆坡位移。而135°耕作与等高耕作都会导致土壤发生水平位移。

与45°耕作一样，135°耕作也为实际生产中不常见的耕作方式。而对于45°耕作来说，农民站在下坡位置，倾斜向上坡方向耕作，这种耕作方式不仅可以缓解陡坡给农民带来的耕作困难，而且与顺坡耕作相比也可以减少耕作侵蚀，应当积极推广。而对于135°耕作来说，农民站在上坡位置，倾斜向下坡方向耕作，这种耕作方式虽然在一定程度上减少了耕作侵蚀，但在比较陡的坡面上很难进行倾斜耕作，推广起来有一定的困难。

5.2.4 在逆坡（180°）耕作下的耕作侵蚀速率

图5.12所示为在逆坡耕作下顺坡位移、逆坡位移与坡度的关系，可用以下公式表示：

$$D_{d1} = 0.2459S + 0.0231 \tag{5.15}$$

$$D_{d2} = 0.1664S - 0.2119 \tag{5.16}$$

式中：

D_{d1}为顺坡位移（m）；

D_{d2}为逆坡位移（m）；

S为坡度（m·m^{-1}）。

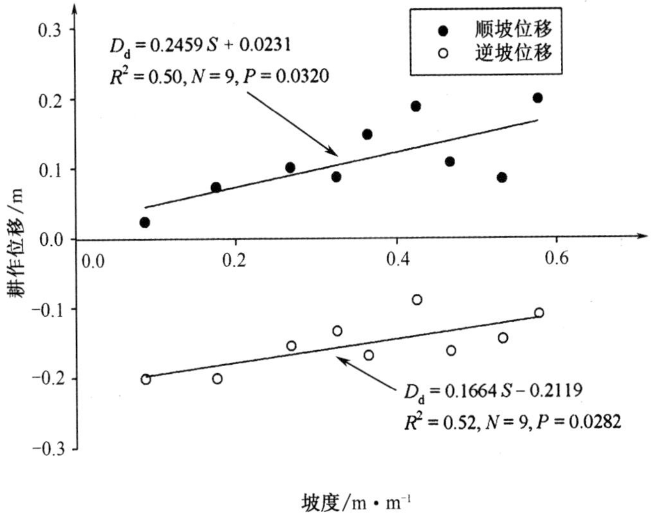

图 5.12　在逆坡耕作下顺坡位移、逆坡位移与坡度的关系

Fig. 5.12　Relationship of mean downslope and upslope displacement distance to slope gradient for upslope tillage

式（5.15）为顺坡位移与坡度的关系，式（5.16）为逆坡位移与坡度的关系。由图 5.12 可以看出，逆坡耕作导致的顺坡位移与逆坡位移都与坡度呈显著相关关系（$P=0.0320$ 和 P=0.0282）。这主要是因为在逆坡耕作中，土壤在锄头的拉力作用下向逆坡方向发生位移，而有一部分土壤则在重力沿顺坡方向的作用下发生顺坡位移。随着坡度的增加，土壤重力在顺坡方向的分力越大，则土壤位移就会越大，因此，顺坡位移与坡度呈显著的正相关关系。土壤发生逆坡位移的主要动力来源于锄头的拉力，随着坡度的增加，农民在坡耕上站立进行逆坡耕作的难度也逐渐增加，所用的力气会随着坡度的增加而逐渐减小，因此，逆坡耕作位移则会随着坡度的增加而逐渐减小。

图 5.13 所示为逆坡耕作导致的净顺坡土壤位移与坡度的关系，可用

以下公式表示：

$$D_{\mathrm{d}} = 0.4122S - 0.1888 \tag{5.17}$$

式中：

D_{d} 为净顺坡土壤位移（m）；

S 为坡度（m・m^{-1}）。

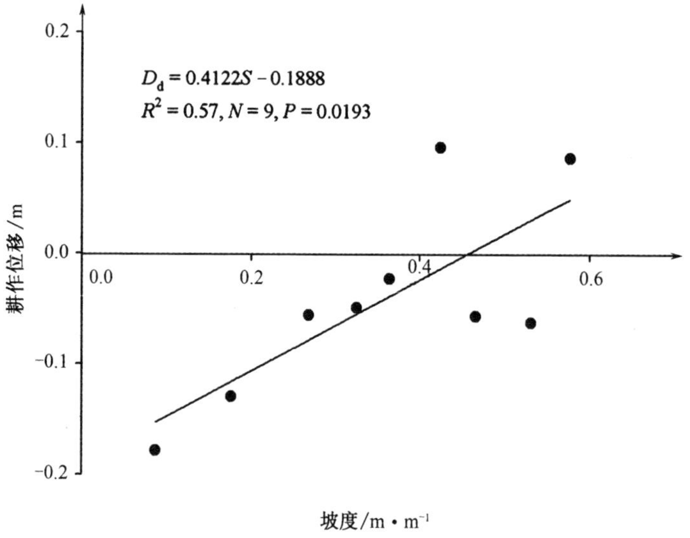

图 5.13　逆坡耕作导致的净顺坡位移与坡度的关系

Fig. 5.13　Net downslope displacement distance vs. slope gradient for 135° tillage

由式（5.17）可以看出，净顺坡位移与坡度呈显著的正相关关系（$P=0.0193$），这表明对于逆坡耕作来说，坡度是影响耕作位移的重要因子。当坡度为 0～0.4580 m・m^{-1} 时，逆坡耕作导致的净顺坡位移小于 0，这表明在这一坡度范围内，进行逆坡耕作会导致土壤发生逆坡位移。这是由于锄头的拉力导致的土壤逆坡位移大于重力作用下的顺坡位移。当坡度为

0.4580 m・m^{-1}时，逆坡耕作导致的净顺坡位移为 0。这表明在这一坡度，土壤不会发生位移，主要原因为锄头的拉力导致的土壤逆坡位移与重力作用下的顺坡位移相等。当坡度大于 0.4580 m・m^{-1}时，逆坡耕作导致土壤发生顺坡位移，这是因为锄头的拉力作用导致的土壤逆坡位移小于重力作用下的顺坡位移。这也表明坡度大于 0.4580 m・m^{-1}的坡耕地不适合耕作。

表 5.9 所示为逆坡耕作导致的土壤耕作位移及耕作侵蚀速率。坡度为 0.0874～0.5773 m・m^{-1}时，等高耕作导致的逆坡位移为-0.2013～-0.0912 m，平均值为-0.1523 m，变异系数为-24.53%；而导致的顺坡位移为 0.0230～0.1972 m，平均值为 0.1111 m，变异系数为 50.48%。净耕作位移为-0.1783～0.0960 m，平均值为-0.0413 m，变异系数为-215.03%。配对样本 T 检验的结果表明，逆坡耕作导致的土壤顺坡位移与逆坡位移之间无显著差异（$P = 0.20$）。

表 5.9　逆坡耕作导致的土壤耕作位移及耕作侵蚀速率

Table 5.9　Soil translocation, tillage erosion rates and relevant data for upslope tillage

坡度/ m・m^{-1}	顺坡位移/m	逆坡位移/m	净耕作位移/m	顺坡耕作传输速率/ kg・m^{-1}・tillage pass^{-1}	逆坡耕作传输速率/ kg・m^{-1}・tillage pass^{-1}	净耕作传输速率/ kg・m^{-1}・tillage pass^{-1}	耕作侵蚀速率/[1] Mg・ha^{-1}・tillage pass^{-1}
0.0874	0.0230	-0.2013	-0.1783	6.44	-56.40	-42.95	-42.95
0.1763	0.0719	-0.2013	-0.1294	20.15	-56.40	-32.73	-32.73
0.2679	0.0996	-0.1549	-0.0554	27.91	-43.40	-22.19	-22.19
0.3249	0.0857	-0.1345	-0.0488	24.01	-37.69	-15.64	-15.64
0.3640	0.1463	-0.1692	-0.0229	40.99	-47.41	-11.14	-11.14
0.4245	0.1862	-0.0902	0.0960	52.17	-25.27	-4.18	-4.18
0.4663	0.1067	-0.1633	-0.0566	29.90	-45.76	0.62	0.62

续表

坡度/m·m^{-1}	顺坡位移/m	逆坡位移/m	净耕作位移/m	顺坡耕作传输速率/kg·m^{-1}·tillage pass^{-1}	逆坡耕作传输速率/kg·m^{-1}·tillage pass^{-1}	净耕作传输速率/kg·m^{-1}·tillage pass^{-1}	耕作侵蚀速率/[①] Mg·ha^{-1}·tillage pass^{-1}
0.5317	0.0833	-0.1457	-0.0625	23.34	-40.83	8.15	8.15
0.5773	0.1972	-0.1106	0.0865	55.26	-30.99	13.39	13.39
平均值	0.1111	-0.1523	-0.0413	31.13	-42.68	-11.85	-11.85
变异系数（%）	50.48	-24.53	-215.03	50.48	-24.53	-157.17	-157.17

[①]耕作侵蚀速率计算以 10 m 坡长为标准。

在缓坡（0.0874～0.4663 m·m^{-1}），因为土壤的重力沿着坡面方向的分力较小，所以锄头向上的拉力占主导作用，从而导致土壤逆坡位移要大于顺坡位移。因此，在缓坡，净耕作位移为负值，即土壤总体发生逆坡位移。

在陡坡（0.4663～0.5773 m·m^{-1}），随着坡度的增加，重力沿着顺坡方向的分力不断增加，逐渐取代锄头向上的拉力。在陡坡进行逆坡耕作时，锄头将土壤向逆坡方向拉动，当锄头与土壤分开时，部分土壤在重力沿顺坡方向的分力的作用下发生顺坡位移。因此，在陡坡，净耕作位移为正值，即土壤总体发生顺坡位移。

坡度为 0.0874～0.5773 m·m^{-1} 时，顺坡耕作传输速率为 6.44～55.26 kg·m^{-1}·tillage pass^{-1}，平均值为 31.33 kg·m^{-1}·tillage pass^{-1}，变异系数为 50.48%；逆坡耕作传输速率为-56.40～-25.27 kg·m^{-1}·tillage pass^{-1}，平均值为-42.68 kg·m^{-1}·tillage pass^{-1}，变异系数为-24.53%。逆坡耕作导致的耕作侵蚀速率为-42.95～13.39 Mg·ha^{-1}·tillage pass^{-1}，平均值为-11.85 Mg·ha^{-1}·tillage pass^{-1}，变异系数为-157.17%。逆坡耕作导致的平均耕作侵蚀速率为-11.85 Mg·ha^{-1}·tillage pass^{-1}。

以上分析得出，逆坡耕作可以有效地减少耕作侵蚀。但在坡度较陡的坡耕地，逆坡耕作非常困难，并且需要消耗较大的体力，因此在实际生产中可采取在缓坡采取逆坡耕作的耕作方式，而在陡坡则可采取逆坡耕作与顺坡耕作相结合的耕作方式。

5.2.5 在耕作角度与坡度共同影响下的耕作侵蚀速率

耕作角度是影响耕作侵蚀的重要因素。已有研究表明，同一坡度下耕作角度与耕作位移呈三角函数关系（De Alba et al.，2006）：

$$D_{\mathrm{d}} = a\cos\omega + b \tag{5.18}$$

式中：

D_{d} 为耕作位移；

ω 为耕作角度；

a 和 b 为回归系数。

表 5.10 所示为不同坡度下 a 和 b 的取值。通过表 5.10 可以看出，在 9 个坡度的坡面上，决定系数 R^2 为 0.79～0.98，平均值为 0.89，并且 $P <$ 0.05，这表明式（5.18）能够很好地描述耕作位移与耕作角度的关系。

表 5.10 不同坡度下 **a** 和 b 的取值

Table 5.10 Values of **a** and b at different slope gradient

坡度/m·m^{-1}	a	b	R^2	P
0.0874	0.1698	0.0328	0.95	0.0054
0.1763	0.1206	0.0772	0.98	0.0015
0.2679	0.1433	0.1419	0.84	0.0285

续表

坡度/m·m^{-1}	a	b	R^2	P
0.3249	0.1879	0.1144	0.92	0.0101
0.3640	0.1807	0.1381	0.97	0.0021
0.4245	0.1312	0.1885	0.84	0.0276
0.4663	0.1824	0.1605	0.79	0.0423
0.5317	0.2478	0.2081	0.88	0.0177
0.5773	0.2725	0.2628	0.82	0.0345

图 5.14 所示为回归系数 a、b 与坡度的关系，可以看出，回归系数 a、b 与坡度呈显著的正相关关系，并且可用以下方程表示：

$$a = 0.2176S + 0.1039 \tag{5.19}$$

$$b = 0.4064S + 0.0017 \tag{5.20}$$

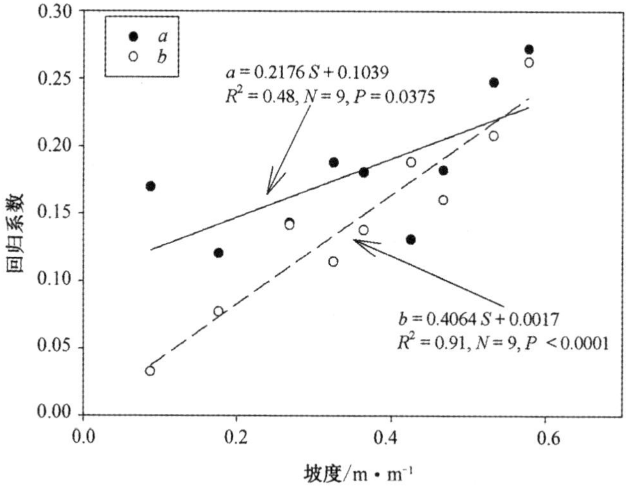

图 5.14 回归系数 a、b 与坡度的关系

Fig. 5.14 Relationship of a and b to slope gradient

将式（5.10）和式（5.20）带入式（5.18）可得到耕作位移与坡度及耕作角度的关系式：

$$D_{\mathrm{d}} = (0.2176S + 0.1039)\cos\omega + (0.4064S + 0.0017) \qquad (5.21)$$

式中：

D_{d}为土壤位移（m）；

S为坡度（m・m^{-1}）；

ω为耕作角度（°）。

图5.15所示为耕作位移与坡度及耕作角度的关系，可以看出，耕作位移随着坡度的增加呈增加趋势，而随着耕作角度的增加呈降低趋势。这表明，耕作角度是影响耕作位移的重要因子。其中，当坡度一定的情况下，耕作角度为0°时（顺坡耕作），耕作位移最大，耕作角度为180°时（逆坡耕作），耕作位移最小。在缓坡耕作下，耕作位移为负值，这表明耕作导致了土壤向上坡位置的位移。

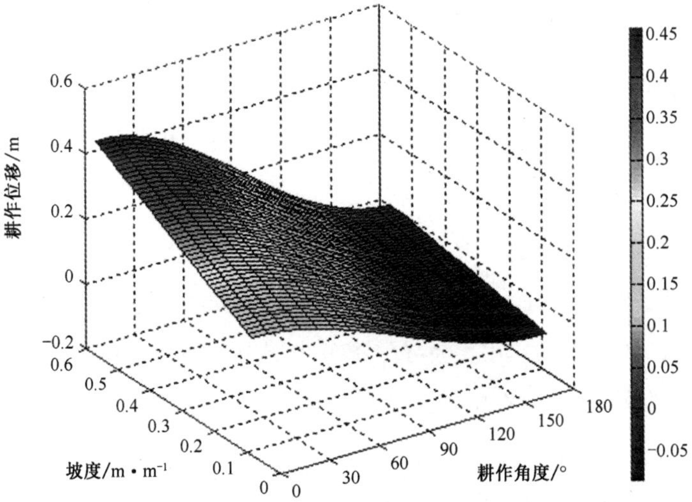

图5.15　耕作位移与坡度及耕作角度的关系

Fig. 5.15　Relationship of downslope displacement distance to tillage direction and slope gradient

根据式（2.2）至式（2.5）可得：

$$Q_s = D_d D_t \rho_b \tag{5.22}$$

本试验中所选的9个坡度的坡耕地的平均土壤容重 ρ_b=1401 kg • m^{-1}，耕作深度控制在 D_t= 0.20 m。将平均土壤容重、耕作深度及式（5.21）带入式（5.22），可得耕作传输速率与坡度及耕作角度的关系：

$$Q_s = (60.97S + 29.11)\cos\omega + (113.87S + 0.48) \tag{5.23}$$

将式（5.23）带入式（2.6）可得耕作侵蚀速率与耕作角度、坡度及坡长之间的关系：

$$R = \frac{(60.97S + 29.11)\cos\omega + (113.87S + 0.48)}{L_d} \cdot 10 \tag{5.24}$$

研究区的坡耕地多为小块斑状分布，因此本研究将坡长设定为 10 m，即 L_d 为 10 m，带入式（5.24）可得：

$$R = (60.97S + 29.11)\cos\omega + (113.87S + 0.48) \tag{5.25}$$

由图 5.16 可以看出，耕作传输速率随着坡度的增加呈增加趋势，而随着耕作角度的增加呈减小趋势。这表明除坡度因子外，耕作角度也是影响耕作传输速率的重要因子，并且坡度的增加会进一步增加耕作角度对耕作传输速率的影响程度。

在本研究中，设定顺坡方向的耕作传输速率为正值，逆坡方向的耕作传输速率为负值。因此，对于部分缓坡的大于 90° 的耕作方式来说，由于锄头向上的拉拽力的作用，会导致部分土壤发生逆坡位移。而当拉拽力在逆坡方向的分力大于重力沿着顺坡方向的分力的时候，土壤会发生逆坡位移。

通过以上分析可以看出，在坡度一定的情况下，耕作位移与耕作角度的关系可以用余弦函数表示，如图 5.17 所示。顺坡位移导致的耕作位移最大，并且随着耕作角度的增加逐渐变小。

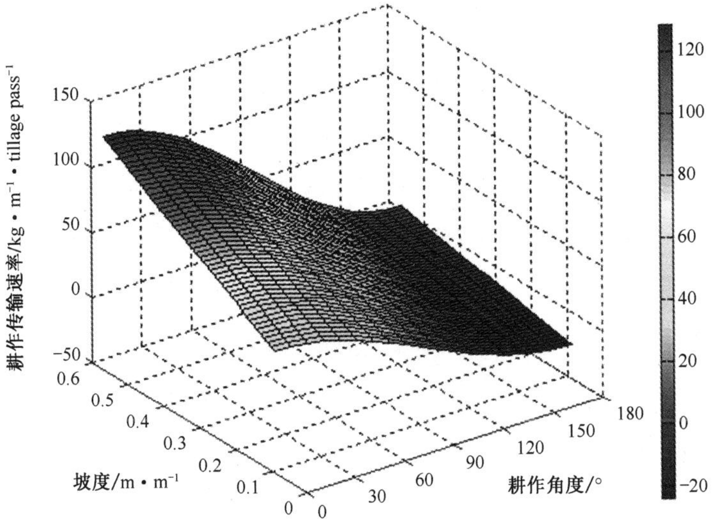

图 5.16 耕作传输速率与坡度及耕作角度的关系

Fig. 5.16 Relationship of tillage translocation rates to tillage direction and slope gradient

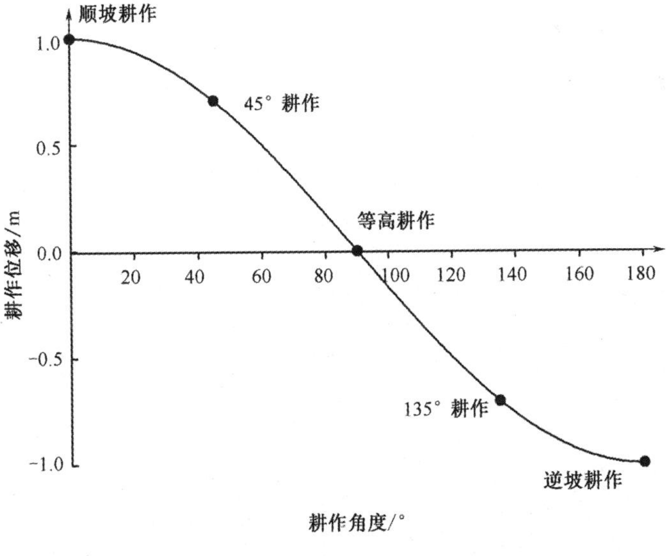

图 5.17 耕作位移与耕作角度的关系

Fig. 5.17 Relationship of mean downslope displacement distance to tillage direction

对于等高耕作来说，由于锄头在顺坡方向上没有分力，锄头的作用力全部用来导致土壤发生横向位移。因此，等高耕作主要导致土壤的横向位移，仅有少量的土壤在重力在顺坡方向的分力的作用下发生顺坡位移。

当耕作角度大于 90° 时，锄头的拉拽力的横向分力仍然是导致土壤发生横向位移的主要作用力。而在沿坡面方向，拉拽力的分力则与重力沿顺坡方向的分力方向相反，当拉拽力的分力小于重力沿顺坡方向的分力的时候，土壤总体发生顺坡位移。

随着耕作角度的增加，锄头的拉拽力在坡面方向的分力逐渐增加，当大于重力在顺坡方向的分力的时候，土壤则会发生逆坡位移。

5.2.6 耕作角度临界值

根据耕作侵蚀强度的分级标准，将不同的耕作侵蚀强度带入式(5.24)，可以得到不同耕作侵蚀强度下的耕作角度临界值（见表 5.11）

表 5.11 不同耕作侵蚀强度下的耕作角度临界值

Table 5.11 The threshold value of tillage direction under different tillage erosion intensity

耕作角度临界值						
坡度	微度侵蚀	轻度侵蚀	中度侵蚀	强烈侵蚀	极强烈侵蚀	剧烈侵蚀
5°	91°～180°	65°～91°	0°～65°			
6°	94°～180°	69°～94°	0°～69°			
7°	97°～180°	73°～97°	14°～73°	0°～14°		
8°	100°～180°	77°～100°	27°～77°	0°～27°		
9°	103°～180°	80°～103°	36°～80°	0°～36°		

续表

耕作角度临界值						
坡度	微度侵蚀	轻度侵蚀	中度侵蚀	强烈侵蚀	极强烈侵蚀	剧烈侵蚀
10°	105°～180°	84°～105°	42°～84°	0°～42°		
11°	108°～180°	87°～108°	48°～87°	0°～48°		
12°	110°～180°	90°～110°	53°～90°	0°～53°		
13°	113°～180°	92°～113°	57°～92°	0°～57°		
14°	115°～180°	95°～ 115°	62°～95°	0°～62°		
15°	118°～180°	98°～118°	65°～98°	0°～65°		
16°	120°～180°	100°～120°	69°～100°	0°～69°		
17°	122°～180°	102°～122°	72°～102°	0°～72°		
18°	124°～180°	105°～124°	75°～105°	0°～75°		
19°	126°～180°	107°～126°	78°～107°	0°～78°		
20°	128°～180°	109°～128°	81°～109°	0°～81°		
21°	131°～180°	111°～131°	84°～111°	0°～84°		
22°	133°～180°	114°～133°	86°～114°	5°～86°	0°～5°	
23°	135°～180°	116°～135°	89°～116°	21°～89°	0°～21°	
24°	137°～180°	118°～137°	91°～118°	30°～91°	0°～30°	
25°	139°～180°	120°～139°	94°～120°	36°～94°	0°～36°	
26°	141°～180°	122°～141°	96°～122°	42°～96°	0°～42°	
27°	144°～180°	124°～144°	98°～124°	46°～98°	0°～46°	
28°	146°～180°	126°～146°	100°～126°	51°～100°	0°～51°	
29°	148°～180°	128°～148°	102°～128°	55°～102°	0°～55°	
30°	151°～180°	130°～151°	105°～130°	58°～105°	7°～58°	0°～7°

耕作侵蚀强度控制在微度侵蚀下，在坡度为 5° 的坡耕地，耕作角度为 91°～180°。这表明在坡度为 5° 的坡耕地，如果将耕作侵蚀强度控制

在微度侵蚀，则必须采取等高耕作的耕作方式，或是耕作角度大于 90°，即斜向上耕作或逆坡耕作，才能有效控制耕作侵蚀强度。随着坡度的增加，控制耕作侵蚀强度在微度侵蚀下的耕作角度临界值逐渐增加。到坡度为 30°的坡耕地，耕作侵蚀强度控制在微度侵蚀下的耕作角度临界值为 151°～180°。这表明在坡度为 30° 的坡耕地，等高耕作导致的耕作侵蚀强度也大于微度侵蚀。因此，坡度大的坡耕地，必须采取耕作角度大于 90°（斜向上耕作或逆坡耕作）的耕作方式才能保证耕作侵蚀强度控制在微度侵蚀下。

耕作侵蚀强度控制在轻度侵蚀下，在坡度为 5° 的坡耕地，耕作角度为 65°～91°，这表明在 5° 的坡耕地，采用大于 65° 的斜向下耕作方式才会使得耕作侵蚀强度控制在轻度侵蚀下。在坡度为 6°～12° 的坡耕地，耕作角度临界值下限位于 69°～90°，这表明在这一坡度范围内的坡耕地，耕作方式都可采用斜向下耕作，可使耕作侵蚀强度控制在轻度侵蚀下。在坡度为 13°～30° 的坡耕地，耕作角度临界值下限位于 92°～130°，这表明在这一坡度范围内的坡耕地，耕作方式采用等高耕作导致的耕作侵蚀速率大于轻度侵蚀强度，因此，必须采用斜向耕作才能保证耕作侵蚀速率控制在中度侵蚀下。

耕作侵蚀强度控制在中度侵蚀下，在坡度为 5° 和 6° 的坡耕地，耕作角度为 0°～65° 和 0°～69°，这表明在这两个坡度的坡耕地，可采用顺坡耕作。在坡度为 7°～23° 的坡耕地，耕作角度临界值下限位于 14°～89°，这表明在这一坡度范围内的坡耕地，耕作方式可采用斜向下耕作。在坡度为 24°～30° 的坡耕地，耕作角度临界值下限位于 90°～105°，这表明在这一坡度范围内，必须采取等高耕作或斜向上耕作，才能保证耕作侵蚀强度控制在中度侵蚀下。

耕作侵蚀强度控制在强烈侵蚀下，在坡度为 5°～21° 的坡耕地，耕作角度临界值下限为 0°，这表明在这一坡度范围内，可采用顺坡耕作。在坡度为 22°～30° 的坡耕地，耕作角度临界值下限位于 5°～58°，这表明在这一坡度范围内，不能采用顺坡耕作，但可采用斜向下耕作，以保证耕作侵蚀强度控制在强烈侵蚀下。

耕作侵蚀强度控制在极强烈侵蚀下，在坡度为 5°～29° 的坡耕地，耕作角度临界值下限为 0°，这表明在这一坡度范围内，可采用顺坡耕作。在坡度为 30° 的坡耕地，耕作角度临界值为 7°～58°，这表明在坡度为 30° 的坡耕地，采用顺坡耕作无法将耕作侵蚀控制在极强烈侵蚀下，只有采取耕作角度不小于 7° 的斜向下耕作才能保证耕作侵蚀强度在极强烈下。

耕作侵蚀强度控制在剧烈侵蚀下，在坡度为 0°～30° 的坡耕地，耕作角度临界值下限为 0°，这表明在这一坡度范围内，可采用包括顺坡耕作在内的任何耕作方式，均可将耕作侵蚀控制在剧烈侵蚀下。

本研究选择缓坡（5°）、中坡（10°）和陡坡（25°）三个典型坡度为研究对象，确定耕作侵蚀强度控制在微度侵蚀下的耕作角度临界值。在缓坡（5°），耕作侵蚀强度控制在微度侵蚀下，耕作角度应当大于 91°，即在缓坡，至少采取等高耕作的措施，才能控制耕作侵蚀强度在微度侵蚀下。在中坡（10°），耕作侵蚀强度控制在微度侵蚀下，耕作角度应当大于 105°，即在中坡，至少采取斜向上耕作的措施，才能控制耕作侵蚀强度在微度侵蚀下。在陡坡（25°），耕作侵蚀强度控制在微度侵蚀下，耕作角度应当大于 139°，即在陡坡，至少采取斜向上耕作或逆坡耕作，才能控制耕作侵蚀强度在微度侵蚀下。

5.3 小结

（1）耕作深度是影响耕作位移及耕作侵蚀速率的重要因子。耕作位移系数 k_1 与耕作深度之间无显著的相关关系，耕作位移系数 k_2 与耕作深度之间呈显著的正相关关系；耕作传输系数 k_3 随着耕作深度的增加则呈线性增长，而耕作传输系数 k_4 与耕作深度之间的关系可以用二次函数来描述。耕作侵蚀速率与耕作深度及坡度之间的关系可以用以下方程表示：$R = (3987D_t^2 + 76.8D_t)S + 186D_t - 1$，其中，$R$ 为耕作侵蚀速率（$\mathrm{Mg \cdot ha^{-1} \cdot tillage\ pass^{-1}}$），$D_t$ 为耕作深度（m），S 为坡度（$\mathrm{m \cdot m^{-1}}$）。

（2）耕作侵蚀强度控制在微度侵蚀下，在坡度为 5°～12° 的坡耕地，耕作深度应当小于 0.05 m；在坡度为 13°～30° 的坡耕地，耕作深度应当小于 0.04 m。这表明，在整个坡度范围内，耕作深度小于 0.04 m 才能将坡耕地耕作侵蚀强度控制在微度侵蚀下。

（3）在 45° 耕作下，耕作位移与坡度呈显著正相关关系，并且与顺坡耕作相比较，45° 耕作可使耕作侵蚀速率减少 26.72%。等高耕作导致的顺坡位移及净顺坡位移都与坡度呈显著的正相关关系，而逆坡位移则与坡度无显著相关关系。与顺坡耕作相比较，等高耕作可以使耕作侵蚀速率减少 77.73%。135° 耕作及逆坡耕作导致的顺坡位移、逆坡位移及净顺坡位移都与坡度呈显著的正相关关系。45° 耕作、等高耕作、135° 耕作及逆坡耕作都可以有效地减少耕作侵蚀。耕作侵蚀速率与耕作角度及坡度的关系可以用以下公式表示：$R=(60.97S+29.11)\cos\omega+(113.87S+0.48)$，其中，$R$ 为耕作侵蚀速率（$\mathrm{Mg \cdot ha^{-1} \cdot tillage\ pass^{-1}}$），$\omega$ 为耕作角度，S 为坡度（$\mathrm{m \cdot m^{-1}}$）。

（4）在缓坡（5°），耕作侵蚀强度控制在微度侵蚀下，耕作角度应当大于 91°，即在缓坡，至少采取等高耕作的措施，才能控制耕作侵蚀强度在微度侵蚀下。在中坡（10°），耕作侵蚀强度控制在微度侵蚀下的耕作角度应当大于 105°，即在中坡，至少采取斜向上耕作的措施，才能控制耕作侵蚀强度在微度侵蚀下。在陡坡（25°），耕作侵蚀强度控制在微度侵蚀下耕作角度应当大于 139°，即在陡坡，至少采取斜向上耕作或逆坡耕作，才能控制耕作侵蚀强度在微度侵蚀下。

第6章

耕作年限临界值确定

目前，关于坡耕地水力侵蚀与耕作侵蚀过程及机理的研究已开展多年，并且已经建立了许多土壤侵蚀估算模型（Moss，1988；Kinnell，1990；Cerdà，1998；Pan and Shangguan，2006；Meyer and Monke，1965；Foster et al.，1997，1984；Zhang et al.，2004，2009，2012，2014；刘宝元等，1999；张光辉，2001；张晴雯等，2004；唐泽军等，2004；李鹏等，2005；刘纪根等，2010）。已有研究表明，耕作侵蚀与水力侵蚀相互影响，共同导致了坡耕地土壤的流失（Lobb et al.，1995；聂小军和徐小涛，2010）。因此，开展坡耕地耕作侵蚀对水力侵蚀的影响的研究，对于深入研究坡面水流的动力机制，并进一步揭示坡面土壤侵蚀机理及估算侵蚀产沙强度是至关重要的，在进行农田、坡耕地治理、水土保持项目建设等方面意义重大。

Wang 等人（2016）通过人工模拟降雨试验得出，随着耕作年限的增加，坡面产流增加，并且土壤抗蚀性越差，坡面产沙量越大，即耕作侵蚀对水力侵蚀有促进作用。

本研究运用美国农业部开发的新一代水力侵蚀预报模型——WEPP（Water Erosion Prediction Project）模拟元谋干热河谷地区不同的耕作侵蚀强度对水力侵蚀的影响。上坡位置在耕作侵蚀的搬运作用下土层深度会逐渐变薄，下坡位置在耕作侵蚀的堆积作用及水力侵蚀的剥蚀作用下，土层深度也会发生相应的变化。WEPP 自带的分段功能将坡耕地分成上坡及下坡两个坡位，并且用不同的土层厚度来代表不同耕作年限导致的坡耕地土层的变化情况。通过模拟坡面年径流量及年产沙量随着耕作年限增加的变化情况探求坡耕地耕作侵蚀对水力侵蚀的影响规律及机制，从而得出不同坡面的耕作年限的临界值，为元谋干热河谷地区的农业生产及坡耕地水土保持提供有效的理论指导和科学依据。

6.1　WEPP 数据库建立

WEPP 运行界面如图 6.1 所示。WEPP 坡面版可以通过输入所需要的数据库模拟坡面任意一点的土壤侵蚀量。与 USLE 模型不同，WEPP 是基于土壤侵蚀的物理过程进行模拟的，它主要包括以下功能模块（刘益军等，2003；张玉斌等，2004；贾立志等，2014）。

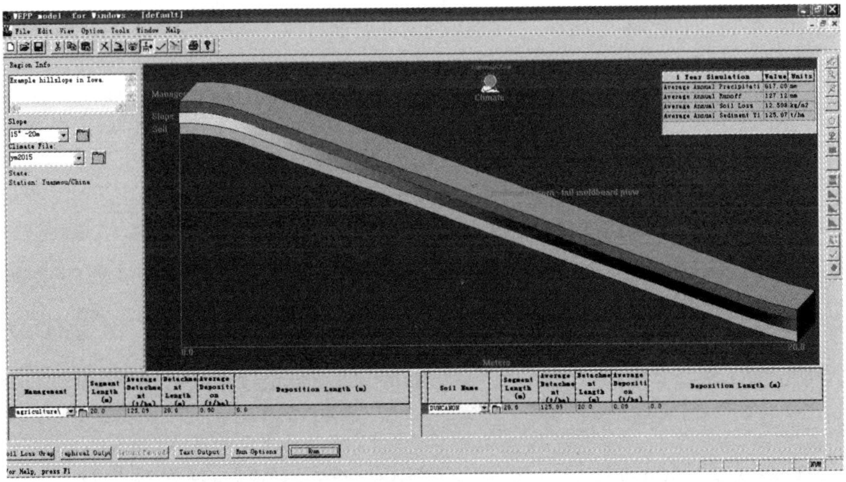

图 6.1　WEPP 运行界面

Fig. 6.1　Operation interface of WEPP

天气发生器模块，包含 CLIGEN 和 BPCDG 两种气候生成器，两者都是通过输入实测的气象数据来生成 WEPP 运行所需要的气候数据的。

冬季过程模块，主要用于模拟降水、融雪侵蚀及土壤冻融过程。

灌溉模块，可以通过输入灌溉水量、灌溉的种类等指标来模拟不同的灌溉方式。

水文过程模块，可以模拟坡面径流、地下水运动、植被蒸散发等水文过程。

土壤模块，主要分析耕作措施对土壤的理化性质的影响。

植物生长及残茬分解模块，可以模拟农田植物的生长及表层残茬、枯落物等的分解。

地表径流模块，主要模拟地表微地貌变化对地表径流的影响。

侵蚀模块，主要模拟在水流冲蚀作用下土壤被剥蚀、搬运及沉积的过程（Pandey et al.，2008）。

WEPP 的输入数据库有气象数据库、地形数据库、土壤数据库、作物数据库等（王建勋等，2007，2008a，2008b；梁改革，2011；贾立志，2014）。

6.1.1 气象数据库

CLIGEN 是美国农业部为开发 WEPP 而建立的一种随机气候生成器，它可以利用多年观测的气象数据的统计学特征来生成 WEPP 所需的日序列的气象数据。BPCDG 是一个独立的程序，它通过观测站所观测到的降雨、温度、风速等气象数据生成 WEPP 所需的气象数据。CLIGEN 所需的气象数据为多年的统计值，然而由于实际条件的限制，在该研究区仅有少数几年的气象资料。BPCDG 所需的资料更接近于降雨观测仪的直接记录值，所以本研究选取 BPCDG 建立气象数据。

根据 BPCDG 程序（bpcdg.exe）运行降雨数据文件、温度及风速文件、太阳辐射量文件及气象站信息，运行之后便可生成运行 WEPP 所需的气象文件（见图 6.2）。

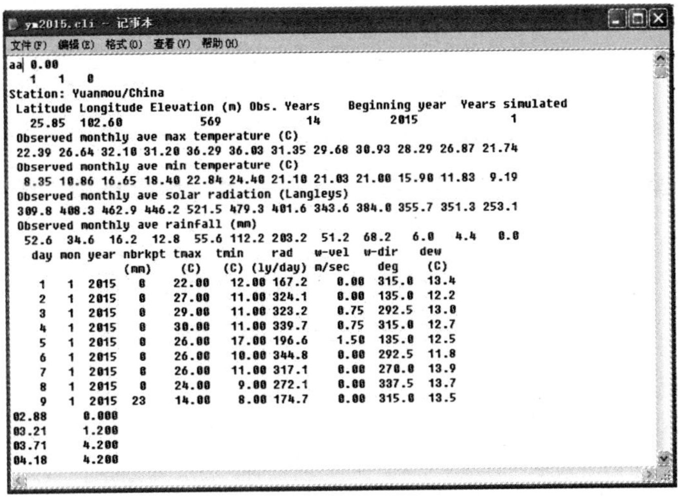


```
aa 0.00
   1   1   0
Station: Yuanmou/China
 Latitude Longitude Elevation (m) Obs. Years    Beginning year  Years simulated
   25.85  102.60           569           14          2015              1
 Observed monthly ave max temperature (C)
 22.39 26.64 32.10 31.20 36.29 36.03 31.35 29.68 30.93 28.29 26.87 21.74
 Observed monthly ave min temperature (C)
  8.35 10.86 16.65 18.40 22.84 24.40 21.10 21.03 21.00 15.90 11.83  9.19
 Observed monthly ave solar radiation (Langleys)
 309.8 408.3 462.9 446.2 521.5 479.3 401.6 343.6 384.0 355.7 351.3 253.1
 Observed monthly ave rainfall (mm)
  52.6  34.6  16.2  12.8  55.6 112.2 203.2  51.2  68.2   6.0   4.4   0.0
   day mon year nbrkpt tmax  tmin    rad   w-vel  w-dir   dew
                 (mm)   (C)   (C) (ly/day) m/sec   deg    (C)
    1   1  2015    0    22.00   12.00 167.2    0.00  315.0  13.4
    2   1  2015    0    27.00   11.00 324.1    0.00  135.0  12.2
    3   1  2015    0    29.00   11.00 323.2    0.75  292.5  13.0
    4   1  2015    0    30.00   11.00 339.7    0.75  315.0  12.7
    5   1  2015    0    26.00   17.00 196.6    1.50  135.0  12.5
    6   1  2015    0    26.00   10.00 344.8    0.00  292.5  11.8
    7   1  2015    0    26.00   11.00 317.1    0.00  270.0  13.9
    8   1  2015    0    24.00    9.00 272.1    0.00  337.5  13.7
    9   1  2015   23    14.00    8.00 174.7    0.00  315.0  13.5
02.88      0.000
03.21      1.200
03.71      4.200
04.18      4.200
```

图 6.2　BPCDG 生成的气象文件（部分）

Fig. 6.2　Establishment of the climate database in BPCDG format (part)

6.1.2　地形数据库

地形数据库包括坡度和坡长两个因子，根据研究区实际情况及 WEPP 的需要建立地形文件，如图 6.3 所示。

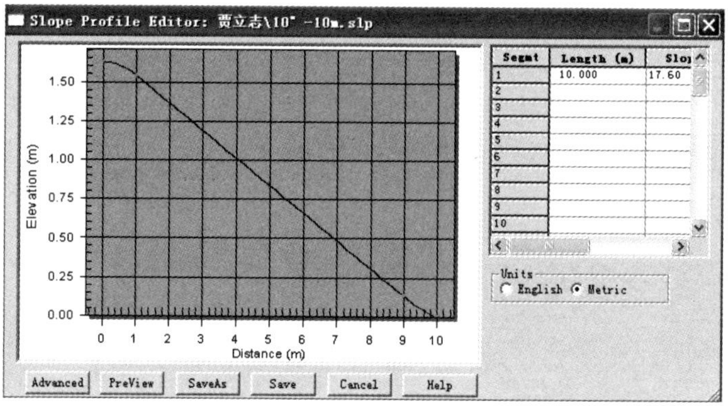

图 6.3　地形文件（以 10 m 坡长、10° 坡面为例）

Fig. 6.3　Establishment of terrain database (taking 10 m and 10° slope as an example)

6.1.3　土壤数据库

土壤数据库主要包含 6 个参数：初始饱和导水率、反照率、细沟间可蚀性、有效水力传导系数、细沟土壤可蚀性及土壤临界剪切力。不同土层的参数可以通过输入土壤的机械组成参数、岩屑含量、有机质含量及阳离子交换量之后运用 WEPP 中的公式计算得出，并且通过试验率定校正。

如表 6.1 所示，本研究将 0～10 cm 土层的反照率设定为 0.42，初始饱和导水率为 95%，细沟间可蚀性为 2.74×10^6 kg • s • m^{-4}，细沟土壤可蚀性为 0.0213 s • m^{-1}，土壤临界剪切力为 2.95 Pa，有效水力传导系数为 0.4583 mm • h^{-1}；母岩的砂粒含量设置为 100%，有机质含量设置为 0.001%，岩屑含量设置为 100%，如图 6.4 所示。

表 6.1　不同土层的土壤参数

Table 6.1　Soil physical properties and properties of the soil with different depth

参数	0～10 cm 土层	10～20 cm 土层	20～40 cm 土层	母岩（40～50 cm）
岩屑含量（%）	2.7	2.9	3.8	100
砂粒含量（%）	38.57	31.12	26.64	100
黏粒含量（%）	57.54	63.76	66.75	0
有机质含量（%）	0.90	0.53	0.52	0.001
阳离子交换量（meq 100 g^{-1}）	14.1	12.5	12.3	0
反照率	0.42	0.49	0.49	0.49
初始饱和导水率（%）	95	95	95	95
细沟间可蚀性（kg • s • m^{-4}）	2.74×10^6			
细沟土壤可蚀性（s • m^{-1}）	0.0213			
土壤临界剪切力（Pa）	2.95			
有效水力传导系数（mm • h^{-1}）	0.4583			

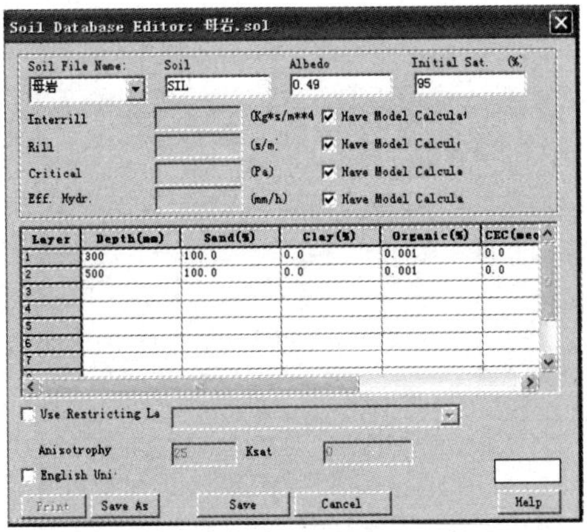

图 6.4　土壤数据库（母岩）

Fig. 6.4　Establishment of soil database (bed rock)

图 6.5 所示为 WEPP 模拟母岩产沙结果，可以看出产沙量为 0，表明此土壤数据可以用于母岩。

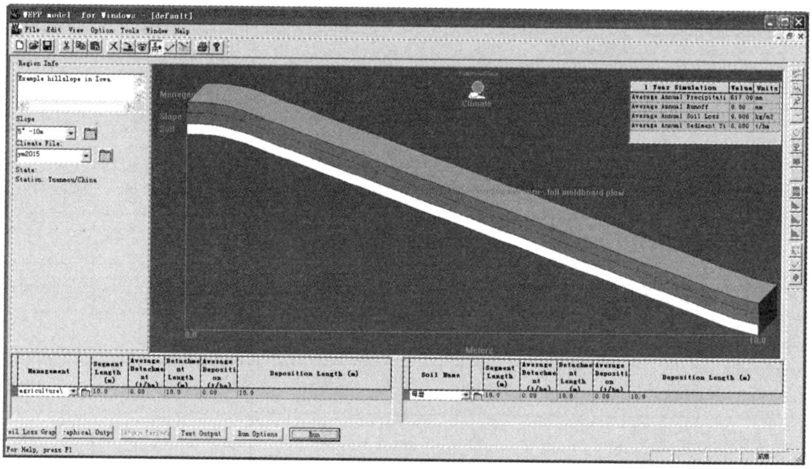

图 6.5 WEPP 模拟母岩产沙结果

Fig. 6.5 Sediment yield of bed rocks simulated by WEPP

图 6.6 所示为未发生耕作侵蚀的坡面不同土层的参数所建立的土壤数据库。

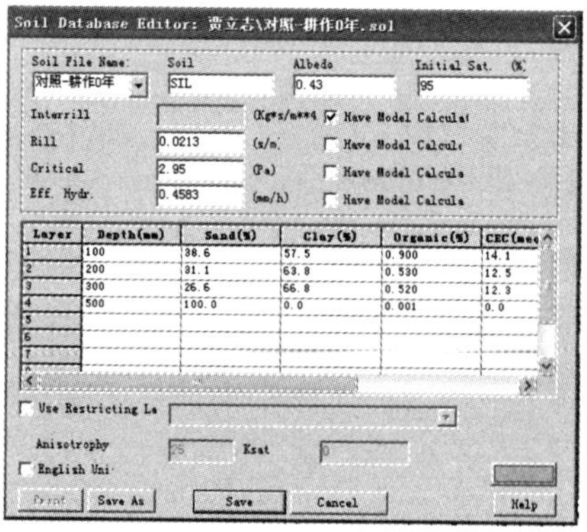

图 6.6 未发生耕作侵蚀的坡面不同土层的参数所建立的土壤数据库

Fig. 6.6 Establishment of soil database (with no tillage erosion)

6.1.4　作物数据库

在 WEPP 的数据库中，作物数据库所涉及的参数最多，并且也是最复杂的数据库。作物数据库由 8 个子数据库组成，包括 70 多个参数。在作物数据库建立之前应该通过实地走访了解所研究坡耕地农作物的种植、收割、耕作情况，在 WEPP 自带的数据库的基础上建立作物数据库。图 6.7 所示为玉米作物数据库，其设置为一年耕作一次。

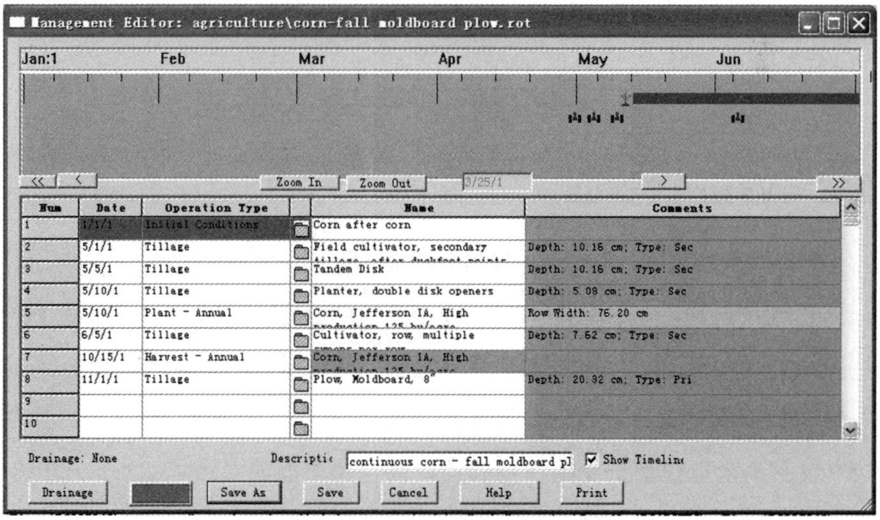

图 6.7　玉米作物数据库

Fig. 6.7　Establishment of crop management database (corn)

6.2 WEPP验证

根据已经建立的数据库，运用 WEPP 分别对坡度为 5°、10° 及 15° 三个坡面的玉米地的径流量及产沙量进行模拟计算，并将实测数据与 WEPP 模拟的结果进行对比。图 6.8 至图 6.10 分别为坡度为 5°、10° 和 15° 坡面玉米地径流量及产沙量的实测值与模拟值的对比。

可以看出，WEPP 的预测与实际情况相差不大，实测值和模拟值之间的线性回归方程与 1∶1 线基本吻合。

其中，在 5° 坡面，径流量和产沙量的实测值和模拟值之间的回归方程的决定系数 R^2 分别为 0.75 和 0.69；在 10° 坡面，径流量和产沙量的实测值和模拟值之间的回归方程的决定系数 R^2 分别为 0.77 和 0.70；在 15° 坡面，径流量和产沙量的实测值和模拟值之间的回归方程的决定系数 R^2 分别为 0.79 和 0.73。因此，WEPP 对玉米地的径流量和产沙量的预测基本合理，可以用于本研究中关于耕作侵蚀对水力侵蚀的影响的研究模拟。

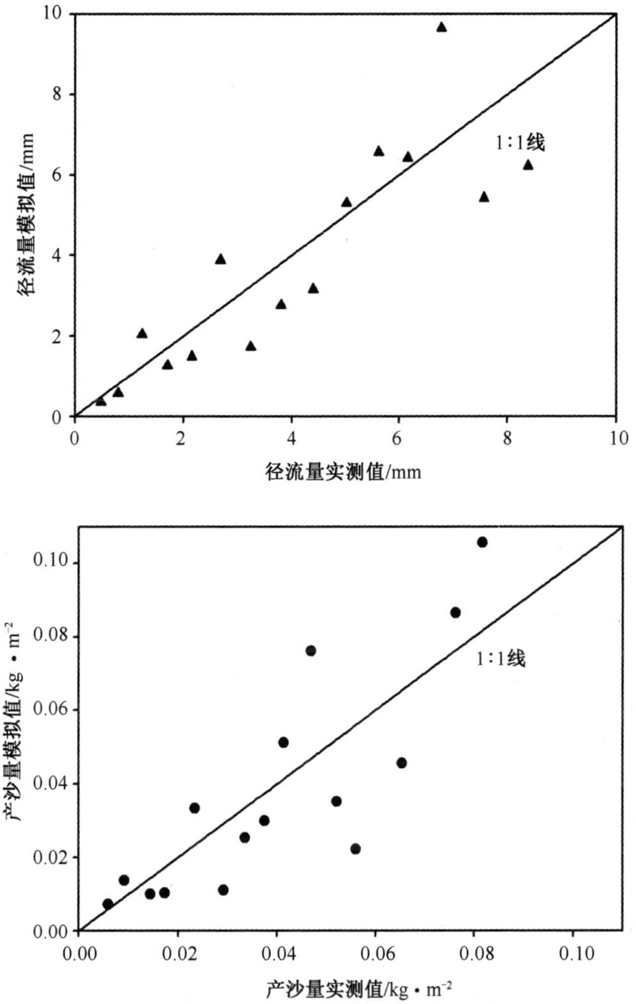

图 6.8　5° 坡面玉米地径流量及产沙量的实测值与模拟值对比

Fig. 6.8　Comparison of runoff and sediment yield between measured and simulated results for 5° maize plot

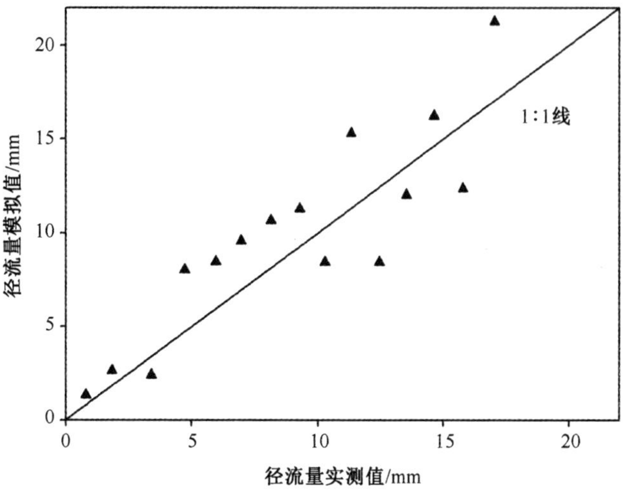

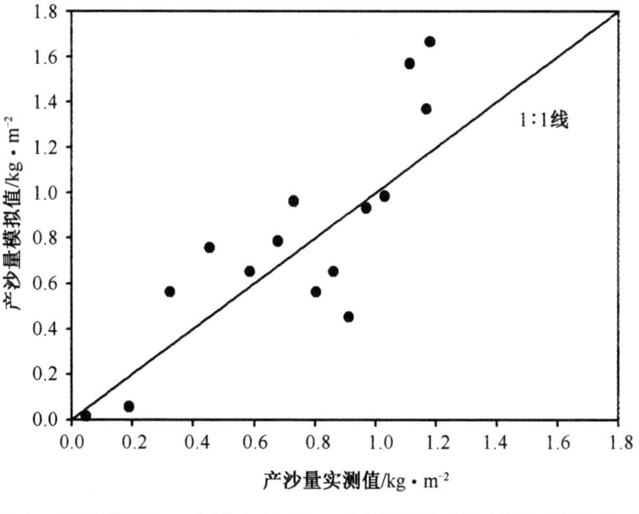

图 6.9　10° 坡面玉米地径流量及产沙量的实测值与模拟值对比

Fig. 6.9　Comparison of runoff and sediment yield between measured and simulated results for 10° maize plot

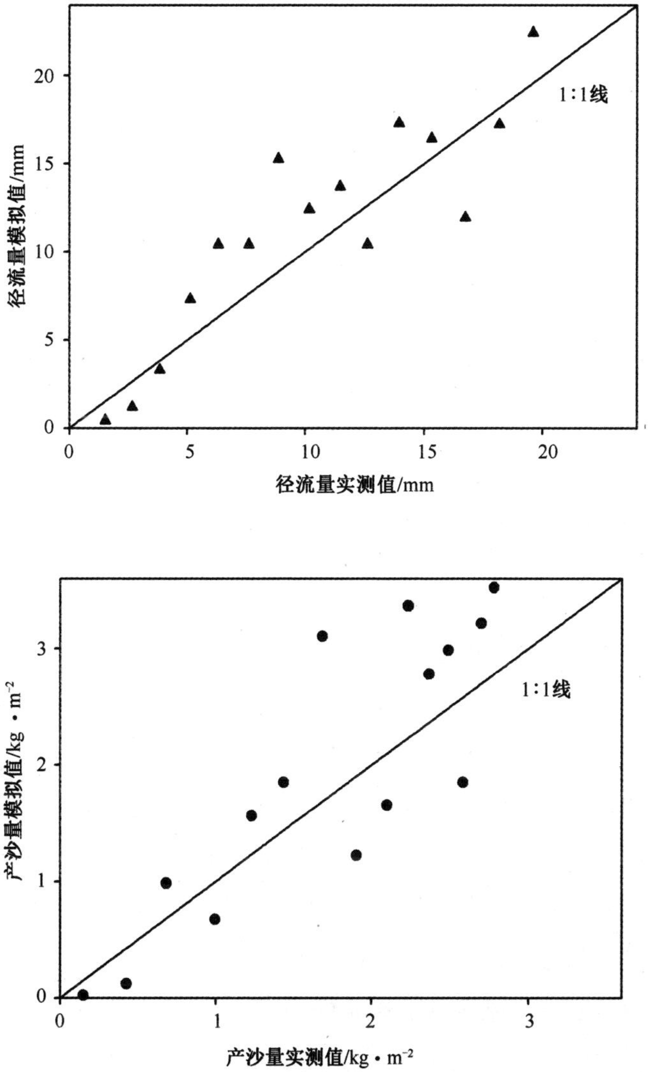

图 6.10　15° 坡面玉米地径流量及产沙量的实测值与模拟值对比

Fig. 6.10　Comparison of runoff and sediment yield between measured and simulated results for 15° maize plot

6.3 模拟耕作年限

对于线性坡来说，耕作侵蚀的传输作用会导致坡耕地的上坡位置土壤被不断搬运至下坡位置，造成堆积，进而会导致坡耕地上坡位置土层不断变薄，而在下坡位置的土层不断增厚。若农民不采取一定的保护性耕作措施，则连续多年的耕作会造成坡耕地上坡位置的土层不断变薄，下坡位置的土层不断变厚，从而为水力侵蚀将土壤冲刷搬运出坡耕地提供条件。对于线性坡来说，水力侵蚀主要发生在下坡位置。由于水力侵蚀的搬运作用，下坡位置的土壤会被搬运出坡耕地，土层厚度变薄。因此，下坡位置的土层每年实际增加的厚度可用下式计算：

$$\mathrm{ST}_i = n \cdot \mathrm{ST}_\mathrm{t} - \mathrm{ST}_\mathrm{w} \qquad (6.1)$$

式中：

ST_i 为下坡位置的土层每年净增加厚度（cm • year^{-1}）；

n 为每年耕作次数（tillage pass）；

ST_t 为单次耕作导致下坡位置的土层增加厚度（cm •year^{-1} •tillage pass^{-1}），

其值等于单次耕作导致上坡位置的土层损失厚度；

ST_w 为水力侵蚀导致下坡位置的土壤每年流失厚度（cm • year^{-1}），可通过以下公式计算得到：

$$ST_w = 100\frac{W_R}{\rho_b} \qquad (6.2)$$

式中：

W_R 为运用 WEPP 计算得到的不同坡面年土壤流失量（kg • m^{-2} • year^{-1}）；

ρ_b 为土壤容重（kg • m^3）。

本研究选取坡度为 5°、10°、15° 和 25°，坡长为 10 m 的坡耕地为研究对象，如图 6.11 所示，运用 WEPP 自带的分段功能模块，将坡耕地分为上坡位置（0～5 m）和下坡位置（5～10 m）两部分。根据 WEPP 计算得出，在土层深度不发生变化的情况下，4 个坡度的坡耕地下坡位置平均水力侵蚀

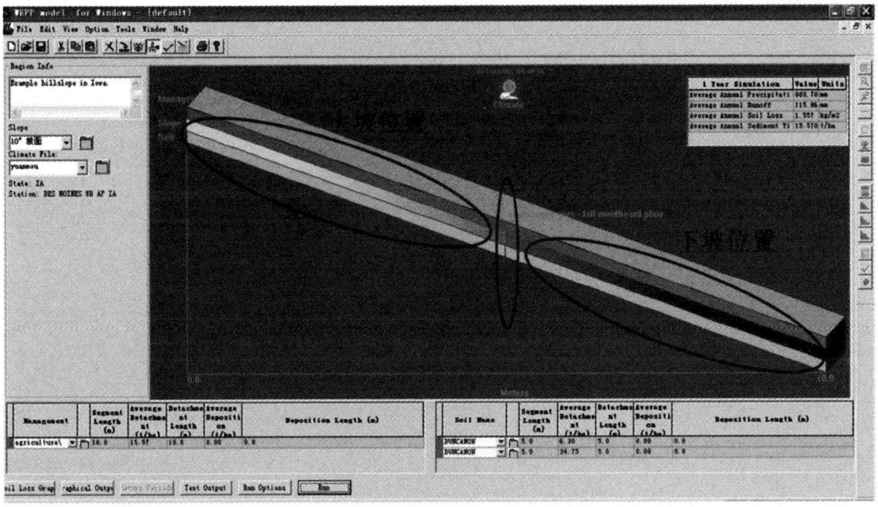

图 6.11　WEPP 分段情况

Fig. 6.11　Description of the slope segmentation by WEPP

强度分别为 5.4 kg • m^{-2}、15.3 kg • m^{-2}、23.9 kg • m^{-2} 和 38.6 kg • m^{-2}。依照式（6.1）和式（6.2）可以得出，在考虑水力侵蚀对下坡位置土层出现搬运的情况下，下坡位置土层的变化情况。

在 5° 坡耕地，耕作侵蚀导致的下坡位置土层堆积深度为 0.77 cm • $year^{-1}$，而水力侵蚀导致的下坡位置的土层损失深度为 0.39 cm • $year^{-1}$。在下坡位置，耕作侵蚀导致的土层堆积深度大于水力侵蚀导致的土层损失深度。因此，随着耕作年限的增加，5° 坡耕地下坡位置土层会以 0.38 cm • $year^{-1}$ 的速度堆积。

在 10° 坡耕地，耕作侵蚀导致的下坡位置土层堆积深度为 0.99 cm • $year^{-1}$，而水力侵蚀导致的下坡位置的土层损失深度为 1.09 cm • $year^{-1}$。在下坡位置，耕作侵蚀导致的土层堆积深度小于水力侵蚀导致的土层损失深度。因此，随着耕作年限的增加，10° 坡耕地下坡位置土层会以 0.10 cm • $year^{-1}$ 的速度损失。

在 15° 坡耕地，耕作侵蚀导致的下坡位置土层堆积深度为 1.23 cm • $year^{-1}$，而水力侵蚀导致的下坡位置的土层损失深度为 1.71 cm • $year^{-1}$。在下坡位置，耕作侵蚀导致的土层堆积深度小于水力侵蚀导致的土层损失深度。因此，随着耕作年限的增加，15° 坡耕地下坡位置土层会以 0.48 cm • $year^{-1}$ 的速度损失。

在 25° 坡耕地，耕作侵蚀导致的下坡位置土层堆积深度为 1.73 cm • $year^{-1}$，而水力侵蚀导致的下坡位置的土层损失深度为 2.76 cm • $year^{-1}$。在下坡位置，耕作侵蚀导致的土层堆积深度小于水力侵蚀导致的土层损失深度。因此，随着耕作年限的增加，25° 坡耕地下坡位置土层会以 1.03 cm • $year^{-1}$ 的速度损失（见表 6.2）。

表 6.2　上坡位置损失及下坡位置堆积土层深度

Fig.6.2　Soil depth loss at the upper slope position and accumulated at lower slope position

坡度	土层深度（cm・$year^{-1}$）			
	5°	10°	15°	25°
上坡位置	−0.77	−0.99	−1.23	−1.73
下坡位置	0.38	−0.10	−0.48	−1.03

注：正值代表土层堆积，负值代表土层损失。

表 6.3 所示为上坡位置、下坡位置土层深度随着耕作年限的变化情况。

可以看出，5° 坡面下坡位置耕作侵蚀强度大于水力侵蚀强度，导致土壤在下坡位置不断堆积，随着耕作年限的增加，上坡位置土层变薄，下坡位置土层变厚。

而在坡度为 10° 、15° 和 25° 的坡耕地，下坡位置耕作侵蚀强度均小于水力侵蚀强度，耕作侵蚀导致下坡位置土层堆积厚度及水力侵蚀导致下坡位置土层损失厚度都随着坡度的增加而增加。但是，下坡位置水力侵蚀强度随坡度增加的速度大于耕作侵蚀强度随坡度增加的速度。因此，水力侵蚀与耕作侵蚀共同作用导致的下坡位置土层损失厚度随着坡度的增加而逐渐增加。

在 5° 坡面，下坡位置土壤在耕作侵蚀和水力侵蚀的共同作用下不断堆积，土层变厚。而在 10° 坡面，下坡位置土壤在耕作侵蚀和水力侵蚀的共同作用下不断损失，土层变薄。因此，我们推断，在 5° 到 10° 坡面之间存在一个坡度，在这一坡度下，下坡位置耕作侵蚀速率和水力侵蚀速率相同。上坡位置的土壤在耕作侵蚀的作用下被搬运到下坡位置，致使土层变厚，而被搬运至下坡位置的土壤会在水力侵蚀的作用下被搬运出坡耕地，下坡位置土层厚度会处于动态平衡中，而上坡位置土壤则会不断变薄。

表 6.3　上坡位置、下坡位置土层深度随耕作年限的变化情况

Fig.6.3　Changes of soil depth with the year of tillage

耕作年限	土层深度/（cm·year^{-1}）							
	5° 坡面		10° 坡面		15° 坡面		25° 坡面	
	上坡	下坡	上坡	下坡	上坡	下坡	上坡	下坡
0	40.00	40.00	40.00	40.00	40.00	40.00	40.00	40.00
1	39.23	40.38	39.01	39.90	38.77	39.52	38.27	38.97
2	38.46	40.76	38.02	39.80	37.54	39.04	36.54	37.94
3	37.69	41.14	37.03	39.70	36.31	38.56	34.81	36.91
4	36.92	41.52	36.04	39.60	35.08	38.08	33.08	35.88
5	36.15	41.90	35.05	39.50	33.85	37.60	31.35	34.85
6	35.38	42.28	34.06	39.40	32.62	37.12	29.62	33.82
7	34.61	42.66	33.07	39.30	31.39	36.64	27.89	32.79
8	33.84	43.04	32.08	39.20	30.16	36.16	26.16	31.76
9	33.07	43.42	31.09	39.10	28.93	35.68	24.43	30.73
10	32.30	43.80	30.10	39.00	27.70	35.20	22.70	29.70
11	31.53	44.18	29.11	38.90	26.47	34.72	20.97	28.67
12	30.76	44.56	28.12	38.80	25.24	34.24	19.24	27.64
13	29.99	44.94	27.13	38.70	24.01	33.76	17.51	26.61
14	29.22	45.32	26.14	38.60	22.78	33.28	15.78	25.58
15	28.45	45.70	25.15	38.50	21.55	32.80	14.05	24.55
16	27.68	46.08	24.16	38.40	20.32	32.32	12.32	23.52
17	26.91	46.46	23.17	38.30	19.09	31.84	10.59	22.49
18	26.14	46.84	22.18	38.20	17.86	31.36	8.86	21.46
19	25.37	47.22	21.19	38.10	16.63	30.88	7.13	20.43
20	24.60	47.60	20.20	38.00	15.40	30.40	5.40	19.40

6.4　耕作年限临界值

本研究通过运用 WEPP 模拟 5°、10°、15° 和 25° 坡度下的耕作年限导致的土壤在坡耕地范围内的再分布状况对坡面水力侵蚀的影响，从而探求耕作年限对坡耕地产沙量和径流量的影响机制，进而得出耕作年限临界值。

图 6.12 所示为 5° 坡面产沙量及径流量随耕作年限的变化情况。耕作年限为 0～5 年，径流量随着耕作年限的增加呈显著的降低趋势，这表明在 5° 坡面，耕作侵蚀导致的土壤在坡面再分布作用会对耕作侵蚀起到很好的抑制作用。这主要是因为耕作侵蚀将上坡位置的土壤搬运至下坡位置，而下坡位置的水力侵蚀作用小于耕作侵蚀的作用，土壤在下坡位置不断堆积，导致上坡位置土层逐渐变薄，下坡位置土层逐渐变厚，坡面逐渐趋于平缓，进而对水力侵蚀起到抑制作用。

已有研究表明，长期耕作可以使得坡耕地演化为水平台地（Dabney et al.，1999；Turkelboom et al.，1999；Dercon et al.，2007）。

耕作年限为 6～14 年，径流量与产沙量随着耕作年限的增加呈缓慢降低趋势，这主要是因为上坡位置土层损失和下坡位置土层堆积到一定程度之后对水力侵蚀的影响与耕作年限 0～5 年比相对较小。

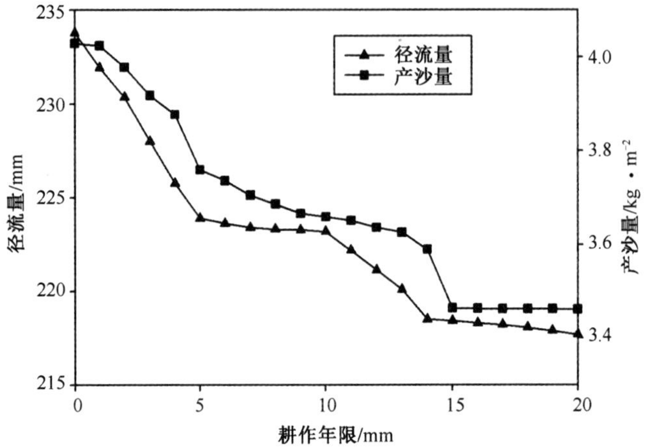

图 6.12　5° 坡面产沙量与径流量随耕作年限的变化情况

Fig. 6.12　Changes of runoff and sediment yield with the year of tillage for 5° slope

耕作年限为 15～20 年，径流量与产沙量基本保持恒定。这主要是因为耕作侵蚀的搬运作用已经将坡度为 5° 的坡耕地的地形演化为平台，对水力侵蚀不会产生太大的影响。

图 6.13 所示为 10° 坡面产沙量与径流量随耕作年限的变化情况。耕作年限为 0～12 年，径流量与产沙量随着耕作年限的增加而呈缓慢增加的趋势。这表明，当耕作年限小于 12 年时，耕作侵蚀导致的土壤在坡耕地范围内的再分布对水力侵蚀的影响不大。

耕作年限为 12～20 年，径流量与产沙量随着耕作年限的增加呈显著增加趋势。这表明，当耕作年限超过 12 年时，耕作侵蚀导致的坡面土壤再分布情况会加速水力侵蚀。因此，对于 10° 坡面来说，耕作年限应当小于 12 年才不会对坡面水力侵蚀产生显著的加速作用。

图 6.14 所示为 15° 坡面产沙量与径流量随耕作年限的变化情况。耕作年限为 0～10 年，径流量与产沙量随着耕作年限的增加而呈缓慢增加的趋势。这表明，在坡度为 15° 的坡耕地，当耕作年限小于 12 年时，耕作

侵蚀导致的土壤在坡耕地范围内的再分布对水力侵蚀的影响不大。

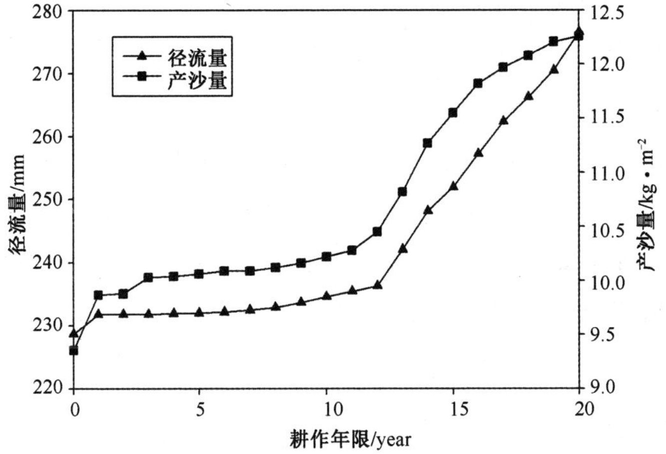

图6.13　10°坡面产沙量与径流量随耕作年限的变化情况

Fig. 6.13　Changes of runoff and sediment yield with the year of tillage for 10° slope

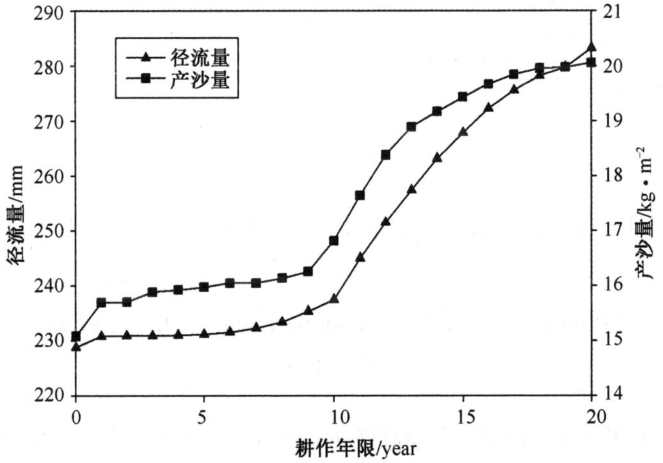

图6.14　15°坡面产沙量与径流量随耕作年限的变化情况

Fig. 6.14　Changes of runoff and sediment yield with the year of tillage for 15° slope

在耕作年限为 10～20 年，径流量及产沙量随着耕作年限的增加呈显著的增加趋势。这表明，当耕作年限超过 10 年时，耕作侵蚀导致的坡面土壤再分布情况会加速水力侵蚀的作用。因此，对于坡度为 15° 的坡耕地来说，耕作年限应当小于 10 年才不会对坡面水力侵蚀产生显著的加速作用。

图 6.15 所示为 25° 坡面产沙量与径流量随耕作年限的变化情况。耕作年限为 0～7 年，径流量随着耕作年限的增加缓慢增加。耕作年限为 8～20 年，径流量随着耕作年限的增加呈显著增加趋势。耕作年限为 0～7 年，产沙量随着耕作年限的增加也呈缓慢增加的趋势。

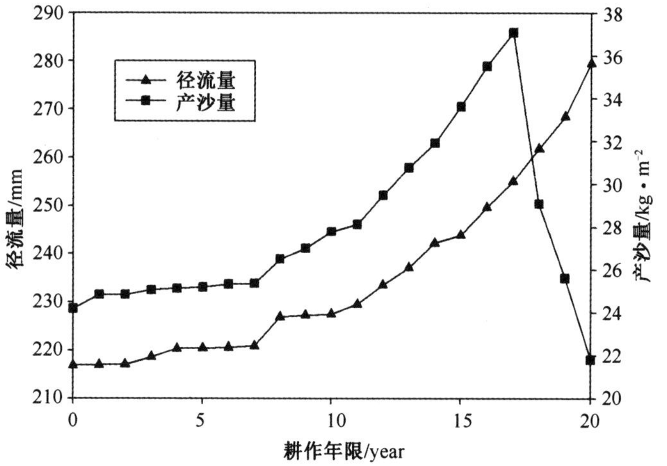

图 6.15　25° 坡面产沙量与径流量随耕作年限的变化情况

Fig. 6.15　Changes of runoff and sediment yield with the year of tillage for 25° slope

耕作年限为 8～17 年，产沙量随着耕作年限的增加呈显著的增加趋势。这表明，在坡度为 25° 的坡耕地，当耕作年限小于 7 年时，耕作侵蚀导致的土壤在坡耕地范围内的再分布对水力侵蚀的影响不大。这主要是因为耕作年限小于 7 年时，耕作侵蚀导致的上坡位置土层及下坡位置土层的变薄情况还未达到对坡面水力侵蚀产生显著影响的程度。而当耕作年限超过 10 年时，耕作侵蚀导致的坡面土壤再分布情况会加速水力侵蚀的作用。因此，对于坡度为 25° 的坡耕地来说，耕作年限应当控制在小于 7 年才不会对坡面水力侵蚀产生显著的加速作用。

耕作年限为 17～20 年，产沙量随着耕作年限的增加呈显著减小趋势。这主要是因为长期的顺坡耕作会导致上坡位置土层变薄，进而造成母岩裸露。当降雨发生时，上坡位置母岩裸露，无法为坡面径流冲刷提供足够的物源，所以会导致产沙量降低。

本研究通过运用 WEPP 模拟耕作侵蚀导致的土壤在坡耕地范围内的再分布对水力侵蚀的影响，坡耕地径流量及产沙量随着耕作年限的增加发生了显著的变化。研究结果表明，耕作侵蚀在一定程度上会加剧水力侵蚀的强度。

6.5 小结

（1）本研究利用观测到的气象数据及土壤数据等建立了运行 WEPP 模型所需的气象数据库、地形数据库、土壤数据库及作物数据库。通过对比坡度为 5°、10° 和 15° 坡面的玉米地的径流量和产沙量的实测值与模拟值，可以得出回归方程的决定系数 R^2 在 0.70 左右。WEPP 可用于研究区耕作侵蚀对水力侵蚀影响的模拟。

（2）线性坡面在耕作侵蚀和水力侵蚀共同作用下，5° 坡面上坡位置土层以 0.39 cm • year^{-1} 的速度损失，下坡位置以 0.38 cm • year^{-1} 的速度堆积。10° 坡面上坡位置、下坡位置分别以 0.99 cm • year^{-1} 和 0.10 cm • year^{-1} 的速度损失。15° 坡面上坡位置、下坡位置分别以 1.23 cm • year^{-1} 和 0.48 cm • year^{-1} 的速度损失。25° 坡面上坡位置、下坡位置分别以 1.73 cm • year^{-1} 和 1.03 cm • year^{-1} 的速度损失。上坡位置损失的土层深度随着坡度的增加而增加。在 5° 坡面，下坡位置土层堆积；而在 10° 坡面，下坡位置水力侵蚀强度大于耕作侵蚀的搬运作用，土层损失。因此，在 5° 到 10° 坡面之间存在一个坡度，在这一坡度，下坡位置耕作侵蚀速率和水力侵蚀速率相同，土壤处于动态平衡中。

（3）在坡度为 5° 的坡耕地，耕作年限为 0～5 年，径流量及产沙量随着耕作年限增加显著降低；耕作年限为 6～14 年，径流量与产沙量随着耕作年限增加呈缓慢降低趋势；耕作年限为 15～20 年，径流量与产沙量基本保持不变。这表明在坡度为 5° 的坡耕地，耕作侵蚀导致的土壤再分布会抑制水力侵蚀作用。在坡度为 10°、15° 和 25° 的坡耕地，径流量及产沙量在耕作年限分别为 0～12 年、0～10 年和 0～7 年时随着耕作年限的增加而缓慢增加；当耕作年限分别超过 12 年、10 年及 7 年时，径流量及产沙量随着耕作年限的增加呈显著增加趋势。因此，对于坡度为 10°、15° 和 25° 的坡耕地，连续耕作年限应当分别控制在小于 12 年、10 年及 7 年。

第7章

不足与展望

对耕作侵蚀强度进行分级研究及各影响因子临界值的研究还未见报道，没有可以参考的标准，因此本研究对于耕作侵蚀强度的分级仅为探索性研究。本研究只进行了 0.20 m 耕作深度下的不同耕作角度对耕作侵蚀的影响；由于工作量太大，其他耕作深度下的不同耕作角度的模拟试验还未进行。在未来的模拟试验中应当进一步考虑多因子共同作用对耕作侵蚀的影响，在此基础上建立多因子共同作用的耕作侵蚀预报模型。

本研究运用 WEPP 模拟耕作侵蚀导致的土壤在坡耕地范围内的再分布情况对水力侵蚀的影响，与模拟冲刷试验相比，本研究排除了耕作对土壤可蚀性、分离能力、团聚体等的影响，仅考虑耕作侵蚀导致的土层厚度的变化情况对水力侵蚀的影响。

参考文献

A. P. J. DE ROO, C. G. WESSELING. LISEM: A singe-event physically based hydrological and soil erosion model for drainage basins I: theory, input and output [J]. Hydrological processes, 1996 10:1107-1117.

ABRISQUETA J M, PLANA V, MOUNZER O H, et al. Effects of soil tillage on runoff generation in a Mediterranean apricot orchard [J]. Agricultural Water Management, 2007, 93: 11-18.

ACHARYA G, COCHRANE T, DAVIES T, et al. Quantifying and modeling post-failure sediment yields from laboratory-scale soil erosion and shallow landslide experiments with silty loess [J]. Geomorphology, 2011, 129(1):49-58.

AGUS F., CASSEL D K., GARRITY D P. Soil-water and soil physical properties under contour hedgerow systems on sloping Oxisols [J]. Soil and Tillage Reseach, 1997, 40(3):185-199.

AMORE E., MODICA C., NEARING M. A., et al. Scale effect in usle and wepp application for soil erosion computation from three sicilian basins [J]. Journal of Hydrology, 2004, 293(1-4), 100-114.

AN J., ZHENG F L., HAN Y. Effects of rainstorm patterns on runoff and sediment yield processes [J]. Soil Science, 2014, 179(6): 293-303.

ARSHAD M A., MARTIN S. Identifying critical limits for soil quality indicators in agro-ecosystems Agriculture [J]. Ecosystems & Environment,

2002, 88(2):153-160.

BAGARELLO V, FERRO V, GIORDANO G, et al. Effect of plot size on measured soil loss for two Italian experimental sites [J]. Biosystems Engineering, 2011, 108(1): 18-27.

BAIGORRIA G. A., ROMERO C. C. Assessment of erosion hotspots in a watershed: integrating the wepp model and gis in a case study in the peruvian andes [J]. Environmental Modelling & Software, 2007, 22(8), 1175-1183.

BASHER L.R., ROSS C.W. Soil erosion rates under intensive vegetable production on clay loam, strongly structured soils at Pukekohe, New Zealand [J]. Australian Journal of Soil Research, 2002, 40, 947-961.

BROOKS E. S., DOBRE M., ELLIOT W. J., et al. Watershed-scale evaluation of the water erosion prediction project (wepp) model in the lake tahoe basin [J]. Journal of Hydrology, 2016, 533, 389-402.

BRYAN R B, POESEN J. Laboratory experiments on the influence of slope length on runoff, ercolation and rill development [J]. Earth Surface Processes and Landforms, 1989, 14(3): 211-231.

CAI Q G., WANG H., CURTIN D., et al. Evaluation of the eurosem model with single event data on steeplands in the three gorges reservoir areas China [J]. Catena, 2005, 59(1), 19-33.

CERDÀ A. The influence of geomorphological position and vegetation cover on the erosional and hydrological processes on a Mediterranean hillslope [J]. Hydrological Processes, 1998, 12(4): 661-671.

CHANDRAMOHAN T., VENKATESH B., BALCHAND A. N. Evaluation of three soil erosion models for small watersheds [J]. Aquatic Procedia, 2015, 4, 1227-1234.

CHANG C., LINDWALL C.W. Comparison of the effect of long-term tillage and crop rotation on physical properties of a soil [J]. Canadian Agricultural Engineering, 1990, 32 (1): 53-55.

CHANG C., LINDWALL C.W. Effect of long-term minimum tillage practices on some physical properties of a chernozemic clay loam [J]. Canadian Journal of Soil Science, 1989, 69 (3): 443-449.

CHANG C., LINDWALL C.W. Effects of tillage and crop rotation on physical properties of a loam s oil [J]. Soil and Tillage Research, 1992, 22 (3-4): 383-389.

COGLE A.L., RAO K.P.C., YULE D.F., et al. Soil management for Alfisols in the semiarid tropics: erosion, enrichment ratios and runoff [J]. Soil Use and Managament, 2002, 18(1):10-17.

DABNEY S.M., LIU Z., LANE M., et al. Landscape benching from tillage erosion between grass hedges [J]. Soil and Tillage Research, 1999, 51, 219-231.

DALY E. R., FOX G. A., AL-MADHHACHI A. S. T., et al. Variability of fluvial erodibility parameters for streambanks on a watershed scale [J]. Geomorphology, 2015, 231(231), 281-291.

DE ALBA S. Modelling the effects of complextopography and patterns of tillage on soil translocation by tillage with mouldboard plough [J]. Journal of Soil and Water Conservation, 2001, 56, 335-345.

DE ALBA S., BORSELLI L., TORRI D., et al. Assessment of tillage erosion by mouldboard plough in Tuscany (Italy) [J]. Soil and Tillage Reseach, 2006, 85(1-2):123-142.

DEFERSHA M. B., MELESSE A. M., MCCLAIN M. E. Watershed scale application of wepp and erosion 3d models for assessment of potential sediment source areas and runoff flux in the mara river basin, Kenya [J]. Catena, 2012, 95(10), 63-72.

DERCON D., GOVER G., POSEN J., et al. Animal-powered tillage erosion assessment in the southern Andes region of Ecuador [J]. Geomorphology, 2007, 87(1):4-15.

DERCON G., DECKERS J., GOVERS G., et al. Spatial variability in soil properties on slow-forming terraces in the Andes region of Ecuador. Soil and Tillage Research, 2003, 72, 31-41.

DREES L.R., KARATHANASIS A.D., WILDING L.P., et al. Micromorphological characteristics of long-term and no-till and conventionally tilled soils [J]. Soil Science Society of America Journal, 1994, 58 (2): 508-517.

DWIVEDI R.S., RAMANA K.V. The delineation of reclamative groups of ravines in the Indo-Gangetic alluvial plains using IRS-1D LISS-III data [J]. International Journal of Remote Sensing, 2003, 24 (22), 4347-4355.

ELLION W D. Soil erosion study—Part I [M]. Agricultural Engineering, 1947, 28: 145-146.

ELLION W D. Studies of raindrop erosion [M]. Agricultural Engineering, 1994, 25: 131-136.

FADUL H.M., SALIH A.A., ALI I.A., et al. Use of remote sensing to map gully erosion along the Atbara River, Sudan [J]. International Journal of Applied Earth Observation and Geoinformation,1999, 1 (3-4), 175-180.

FAHNESTOCK P., LAL R., HALL G. F. Land use and erosional effects on two ohio alfisols. i. soil properties [J]. Journal of Sustainable Agriculture, 1996, 7(2-3), 63-84.

FORNSTROM K.J., BRAZEE R.D., Johnson W.H. Tillage-tool interaction with a bounded, artificial soil [J]. Transactions of the ASAE, 1970, 13: 409-416.

FOSTER G R, HUGGINS L F, Meyer L D. A Laboratory study of rill hydraulics. 1. Velocity relationships [J]. Transactions of the ASAE, 1984, 27(3): 790-796.

FOSTER G R, MEYER L D, ONSTAD C A. An erosion equation derived from basic erosion principles [J]. Transactions of the ASAE [American Society of Agricultural Engineers] (USA), 1977.

FRYE W. W., EBELHAR S. A., MURDOCK L. W., et al. Soil erosion effects on properties and productivity of two kentucky soils [J]. Soil Science Society of America Journal, 1982, 46(5), 1051-1055.

GOVERS G., LOBB D.A., QUINE T.A. Tillage erosion and translocation: emergence of a new paradigm in soil erosion research [J]. Soil Till Res, 1999, 51, 167-174.

GOVERS G., QUINE T.A., WALLING, D.E. The effect of water erosion and tillage movement on hillslope profile development: a comparison of field observations and model results [J]. In Wicherek S., editor, Farm land erosion in temperate plains environments and hills, Amsterdam: Elsevier, 1993, 285-300.

GOVERS G., QUINE T.A., DESMET P.J.J. et al. The relative contribution of soil tillage and overland flow erosion to soil redistribution on agricultural land [J]. Earth Surface Processes and Landforms, 1996, 21, 929-946.

GOVERS G., QUINE T.A., WALLING D.E. The effect of water erosion and tillage movement on hillslope profile development: a comparison of field observations and model results, in: Wicherek, S. (Eds.) [A]. Farm Land Erosion in Temperate Plains Environment and Hills, Elsevier, Amsterdam 1993: 285-300.

GOVERS G., VANDAELE K., DESMET P., et al. The role of tillage in soil redistribution on hillslopes [J]. European Journal of Soil Science, 1994, 45, 469-478.

GRØNSTEN H. A., LUNDEKVAM H. Prediction of surface runoff and soil loss in southeastern norway using the wepp hillslope model [J]. Soil & Tillage Research, 2006, 85(1-2), 186-199.

GUY B. T., DICKINSON W. T., RUDRA R. P. The roles of rainfall and runoff in the sediment transport capacity of interrill flow [J]. Transactions of the ASAE, 1987, 30(5): 1378-1386.

HECKRATH G., DJURHUUS J., QUINE T.A., et al. Tillage erosion and its effect on soil properties and crop yield in Denmark [J]. Journal of Environmental Quality, 2005, 34(1), 312-324.

HECKRATH G., HALEKOH U., DJURHUUS J., et al. The effect of tillage direction on soil redistribution by mouldboard ploughing on complex slopes [J]. Soil and Tillage Research, 2006, 88(1-2): 225-241.

HIEN P.D., DUNG B.D., PHIEN T. Redistributions of ^{137}Cs and soil components on cultivated hill slopes with hedgerows as conservation measures [J]. Soil Tillage Res, 2013, 128:149-154.

HORNE D.J., ROSS C.W., HUGHES K.A. 10 years of a maize oats rotation under three tillage systems on a silt loam in New Zealand. 1. A comparison of some soil properties [J]. Soil and Tillage Research, 1992. 22 (1-2): 131-143.

HU W, ZHENG F, BIAN F. The Directional Components of Splash Erosion at Different Raindrop Kinetic Energy in the Chinese Mollisol Region [J]. Soil Science Society of America Journal, 2016, 80(5).

JIA L Z, ZHANG J H, ZHANG Z H, et al. Assessment of gravelly soil redistribution caused by a two-tooth harrow in mountainous landscapes of the Yunnan-Guizhou Plateau, China [J]. Soil & Tillage Research, 2017a, 168:11-19.

JIA L.Z., ZHANG J.H., WANG Y., et al. Effect of tillage erosion on the distribution of $CaCO_3$, phosphorus and the $CaCO_3$/available phosphorus ratio in the slope landscape [J]. Soil Research, 2017.

KARAMESOUTI M, DETSIS V, KOUNALAKI A, et al. Land-use and land degradation processes affecting soil resources: evidence from a traditional Mediterranean cropland (Greece) [J]. Catena, 2015, 132,45-55.

KARLEN D.L., MAUSBACH M.J., DORAN J.W., et al. Soil quality: a concept, definition, and framework for evaluation [J]. Soil Science Society of America Journal, 1997, 61(1):4-10.

KIMARO D.N., DECKERS J.A., POESEN J., et al. Short and medium term assessment of tillage erosion in the Uluguru Mountains, Tanzania [J]. Soil and Tillage Research, 2005, 81, 97-108.

KINNELL P. I. A. Modelling erosion by rain-impacted flow [J]. Catena, Supplement, 1990 (17): 55-66.

KINNELL P. I. A. Raindrop-induced saltation and the enrichment of sediment discharged from sheet and interrill erosion areas[J]. Hydrological Processes, 2012, 26(10): 1449-1456.

KOSMAS C., ST GERONTIDIS., MARATHIANOU M., et al. The effects of tillage displaced soil on soil properties and wheat biomass [J]. Soil & Tillage Research, 2001, 58(1-2): 31-44.

LAL R. Soil degradative effects of slope length on alfisols in western Nigeria. IV plots of equal land area [J]. Land Degradation & Development, 1997,

8(4): 343-354.

LEWIS L.A., NYAMULINDA V. The critical role of human activities in land degradation in Rwanda [J]. Land Degradation and Development, 1996, 7, 47-55.

LI F.C., ZHANG J.H., SU Z.A. Changes in SOC and nutrients under intensive tillage in two types of slope landscapes [J]. Journal of Mountain Science, 2012, 9(1): 67-76.

LI H., CRUSE R. M., BINGNER R. L., et al. Evaluating ephemeral gully erosion impact on zea mays, l. yield and economics using annagnps [J]. Soil & Tillage Research, 2016, 155, 157-165.

LI S., LOBB D.A., LINDSTROM M.J., et al. Modeling tillage-induced redistribution of soil mass and its constituents within different landscapes [J]. Soil Science Society of America Journal, 2008, 72(1): 167-179.

LI Y., LINDSTROM M.J. Evaluating soil quality-soil redistribution relationship on terraces and steep hillslope [J]. Soil Science Society of America Journal, 2001, 65, 1500-1508.

LI Y., TIAN G., LINDSTROM M.J., et al. Variation of surface soil quality parameters by intense-donkey-drawn tillage on steep slope [J]. Soil Science Society of America Journal, 2004, 68(3): 907-913.

LI Y., ZHANG Q.W., REICOSKY D.C., et al. Using ^{137}Cs and ^{210}Pbex for quantifying soil organic carbon redistribution affected by intensive tillage on steep slopes [J]. Soil & Tillage Research, 2006, 86(2):176-184.

LIER Q. D. J. V., SPAROVEK G., FLANAGAN D. C., et al. Runoff mapping using wepp erosion model and gis tools [J]. Computers & Geosciences, 2005, 31(10), 1270-1276.

LINDSTROM M.J., NELSON W.W., SCHUMACHER T.E. Quantifying tillage erosion rates due to moldboard plowing [J]. Soil and Tillage Research, 1992, 24: 243-255.

LINDSTROM M.J., NELSON W.W., SCHUMACHER T.E., et al. Soil movement by tillage as affected by slope [J]. Soil and Tillage Research, 1990, 17(3-4): 255-264.

LOBB D A, KACHANOSKI R G, MILLER M H. Tillage translocation and tillage erosion on shoulder slope landscape positions measured using ^{137}Cs as a tracer [J]. Canadian Journal of Soil Science, 1995, 75(2): 211-218.

LOBB D A, KACHANOSKI R G. Modelling tillage erosion in the topographically complex landscapes of southwestern Ontario, Canada [J]. Soil and Tillage Research, 1999a, 51(3): 261-277.

LOBB D A, KACHANOSKI R G. Modelling tillage translocation using step, linear-plateau and exponential functions [J]. Soil and Tillage Research, 1999b, 51(3): 317-330.

LOBB D.A., QUINE T.A., GOVERS G., et al. Comparison of methods used to calculate tillage translocation using plot-tracers [J]. Soil Water Conserv, 2002, 56, 321-328.

MAHBOUBI A.A, LAL R., FAUSSEY N.R. 28 years of tillage effects on two soils in Ohio [J]. Soil Science Society of America Journal, 1993, 57 (2): 506-512.

MAHMOODABADI M., SAJJADI S. A. Effects of rain intensity, slope gradient and particle size distribution on the relative contributions of splash and wash loads to rain-induced erosion[J]. Geomorphology, 2016, 253: 159-167.

MATISOFF G., WILSON C.G., WHITING P.J. The Be-7/Pb-210(xs) ratio as an indicator of suspended sediment age or fraction new sediment in suspension [J]. Earth Surface Processes and Landforms, 2005, 30:1191-1201.

MCRAE T., SMITH C.A.S., Gregorich L.J. Environmental sustainability of Canadian agriculture: report of the Agri-Environmental Indicator Project [J]. Ottawa: Agriculture and Agri-Food Canada, 2000.

MECH S.J., FREE G.A. Movement of soil during tillage operations [J]. Agricultural Engineering, 1942, 23, 379-382.

MEYER L D, MONKE E J. Mechanics of soil erosion by rainfall and overland flow [J]. Trans. ASAE, 1965, 8(4): 572-577.

MONTGOMERY J. A., MCCOOL D. K., BUSACCA A. J., et al. Quantifying tillage translocation and deposition rates due to moldboard plowing in the palouse region of the pacific northwest, USA [J]. Soil & Tillage Research, 1999, 51(3-4), 175-187.

MONTGOMERY J.A., BUSACCA A.J., FRAZIER B.E. et al. Evaluating soil movement using Cesium-137 and the revised universal soil loss equation [J]. Soil Science Society of America Journal, 1997, 61, 571-579.

MOSS A J. Effects of flow velocity variation on rain driven transportation and the role of rain impact in the movement of solids [J]. Soil Research, 1988, 26(3): 443-450.

MUKUNDAN R., PRADHANANG S. M., SCHNEIDERMAN E. M., et al. Suspended sediment source areas and future climate impact on soil erosion and sediment yield in a new york city water supply watershed, USA [J]. Geomorphology, 2013, 183(2), 110-119.

NYSSEN J, POSEN J, HAILE M, et al. Tillage erosion on slops with soil conservation structures in the Ethiopian highlands [J]. Soil and Tillage Research,

2000, 57(3): 115-127.

NYSSEN J., HAILE M., POESEN J., et al. Removal of rock fragments and its effect on soil loss and crop yield, Tigray, Ethiopia [J]. Soil Use and Management, 2001, 17, 179-187.

OOSTWOUD WIJDENES D.J., POESEN J. The effete of soil moisture on the vertical movement of rock fragments by tillage [J]. Soil & Tillage Research, 1999, 49 (4):301-312.

PAN C, SHANGGUAN Z. Runoff hydraulic characteristics and sediment generation in sloped grassplots under simulated rainfall conditions [J]. Journal of Hydrology, 2006, 331(1): 178-185.

PANDEY A, CHOWDARY V, MAL B, et al. Runoff and sediment yield modeling from a small agricultural watershed in India using the WEPP model [J]. Journal of Hydrology, 2008; 348:305-319.

PANDEY A., CHOWDARY V. M., MAL B. C., et al. Runoff and sediment yield modeling from a small agricultural watershed in India using the WEPP model [J]. Journal of Hydrology, 2008, 348(3), 305-319.

PANINGBATAN E.P., CIESIOLKA C.A., COUGHLAN C.W., et al. Alley cropping for managing soil erosion of hilly lands in the Philippines [J]. Soil Technology, 1995, 8(3):193-204.

PAPENDICK R.I., MILLER D.E. Conservation tillage in the Pacific Northwest [J]. Journal of Soil and Water Conservation, 1977, 32:49-56.

PAPIERNIK S.K., LINDSTROM M.J., SCHUMACHER J.A., et al. Variation in soil properties and crop yield across an eroded prairie landscape [J]. Journal of Soil and Water Conservation, 2005, 60(6): 388-395.

PAPIERNIK S.K., LINDSTROM M.J., SCHUMACHER T.E., et al.

Characterization of soil profiles in a landscape affected by long-term tillage [J]. Soil Tillage and Research, 2007, 93: 335-345.

PENNOCK D.J. Suitability of ^{137}Cs redistribution as an indicator of soil quality [J]. Acta geológica hispánica, 2000, 35(3-4):213-217.

PIERCE F.J, FORTIN M.C., STATON M.J. Periodic plowing effects on soil properties in a no-till farming system [J]. Soil Science Society of America Journal, 1994, 58 (6): 1782-1787.

POESEN J., WESEMAEL B. V., GOVERS G., et al. Patterns of rock fragment cover generated by tillage erosion [J]. Geomorphology, 1997, 18(3):183-197.

QUINE T A., ZHANG Y. An investigation of spatial variation in soil erosion, soil properties, and crop production within an agricultural field in Devon, United Kingdom [J]. Journal of Soil and Water Conservation, 2002, 57(1), 55-65.

QUINE T A., ZHANG Y. An investigation of spatial variation in soil erosion, soil properties, and crop production within an agricultural field in Devon, United Kingdom [J]. Journal of Soil and Water Conservation, 2002, 57, 55-65.

QUINE T A., ZHANG Y. Re-defining tillage erosion: quantifying intensity direction relationships for complex terrain. 1. Derivation of an adirectional soil transport coefficient [J]. Soil Use and Management, 2004, 20, 114-123.

QUINE T A., BASHER L R., NICHOLAS A P. Tillage erosion intensity in the South Canterbury Downlands, New Zealand [J]. Australian Journal of Soil Research, 2003, 41, 789-807.

QUINE T A., GOVERS G., POESEN J., et al. Fine earth translocation by tillage in stony soils in the Guadalentin, southeast Spain: an investigation using caesium-137 [J]. Soil & Tillage Research, 1999a, 51(3-4): 279-301.

QUINE T A., GOVERS G., WALLING D E., et al. Erosion processes and landform evolution on agricultural land - new perspectives from caesium-137 measurements and topographic based erosion modeling [J]. Earth Surface Processes and Landforms, 1997, 22, 799-816.

QUINE T A., WALLING D E., ZHANG X. Tillage erosion, water erosion and soil quality on cultivated terraces near Xifeng in the Loess Plateau, China [J]. Land Degradation and Development, 1999, 10, 251-274.

QUINE T A., WALLING D E., ZHANG X, et al. Investigation of soil erosion on terraced fields near Yanting, Sichuan Province, China, using caecium-137. In: Walling, D.E., Davies, T.R., Hasholt, B. (Eds.), Erosion, Debris Flows and Environment in Mountain Regions, Proceedings of the Chengdu Symposium, 1992, 209, 155-168.

QUINE T A., WALLING D E., CHAKELA Q K., et al. Rates and patterns of tillage and water erosion on terraces and contour strips: evidence from caesium-137 measurements [J]. Catena, 1999b, 36(1-2): 115-142.

RACLOT D., ALBERGEL J. Runoff and water erosion modelling using wepp on a mediterranean cultivated catchment [J]. Physics & Chemistry of the Earth Parts a/b/c, 2006, 31(17), 1038-1047.

REVEL J C., GUIRESSE M. Erosion due to cultivation of calcareous clay soils on the hillsides of south west France. 1. Effect of former farming practices [J]. Soil and Tillage Research,1995, 35, 147-155.

RYMSHAW E., WALTER M F., VAN WAMBEKE A. Processes of soil movement on steep cultivated hill slopes in the Venezuelan Andes [J]. Soil and

Tillage Research,1997, 44, 265-272.

SALLES C., POESEN J., GOVERS G. Statistical and physical analysis of soil detachment by raindrop impact: Rain erosivity indices and threshold energy [J]. Water Resources Research, 2000, 36(9): 2721-2729.

SCHIMMACK W., AUERSWALD K., BUNZL K. Estimation of soil erosion and deposition rates at an agricultural site in Bavaria, Germany, as derived from fallout radiocesium and plutonium as tracers [J]. Naturwissenschaften, 2002, 89:43-46.

SCHULLER P., ELLIES A., CASTILLO A., et al. Use of Cs-137 to estimate tillage- and water induced soil redistribution rates on agricultural land under different use and management in central-south Chile [J]. Soil and Tillage Research, 2003, 69, 69-83.

SERVENAY A., Prat C. Erosion extension of indurated volcanic soils of Mexico by aerial photographs and remote sensing analysis [J]. Geoderma, 2003, 117 (3-4), 367-375.

SHI Z H., AI L., FANG N F., et al. Modeling the impacts of integrated small watershed management on soil erosion and sediment delivery: a case study in the three gorges area, China [J]. Journal of Hydrology, 2012, 438-439(7), 156-167.

SHIGAKI F., SHARPLEY A., PROCHNOW L I. Rainfall intensity and phosphorus source effects on phosphorus transport in surface runoff from soil trays [J]. Science of the Total Environment, 2007, 373(1):334-343.

SIBBESEN E. Soil movement in long-term field experiments [J]. Plant and Soil, 1986, 91, 73-85.

SIBBESEN E., ANDERSEN C E. Soil movement in long-term field

experiments as a result of cultivation II. How to estimate the two dimensional movement of substances accumulating in the soil [J]. Experimental Agriculture, 1985, 21, 109-117.

SIBBESEN E., ANDERSEN C E., ANDERSEN S. Soil movement in long-term field experiments as a result of cultivation I. A model for approximating soil movement in one horizontal dimension by repeated tillage [J]. Experimental Agriculture, 1985, 21, 101-107.

SIBBESEN E., SKJOTH F., RUBAEK G H. Tillage caused dispersion of phosphorus and soil in four 16-year old field experiments [J]. Soil and Tillage Research, 2000, 54, 91-100.

SINGH R K., PANDA R K., SATAPATHY K K., et al. Simulation of runoff and sediment yield from a hilly watershed in the eastern himalaya, india using the WEPP model [J]. Journal of Hydrology, 1986, 405(3-4), 261-276.

ST GERONTIDIS D V., KOSMAS C., DETSIS B., et al. The effect of moldboard plow on tillage erosion along a hillslope [J]. Journal of Soil and Water Conservation, 2001, 56, 147-152.

SU Z A., ZHANG J H., NIE X J. Effect of Soil Erosion on Soil Properties and Crop Yields on Slopes in the Sichuan Basin, China [J]. Pedosphere, 2010, 20(6): 736-746.

SUJATHA G., DWIVEDI R S., SREENIVAS K., et al. Mapping and monitoring of degraded lands in part of Jaunpur district of Uttar Pradesh using temporal spaceborne multispectral data [J]. International Journal of Remote Sensing, 2000, 21 (3), 519- 531.

THAPA B B., CASSEL D K., GARRITY D P. Ridge tillage and contour natural grass barrier strips reduce tillage erosion 1 [J]. Soil & Tillage Research,

1999, 51(3-4), 341-356.

THAPA B B., CASSEL D K., GARRITY D P. Assessment of tillage erosion rates on steepland Oxisols in the humid tropics using granite rocks [J]. Soil and Tillage Research,1999, 51, 233-243.

THAPA B B., CASSEL D K., GARRITY D P. Ridge tillage and contour natural grass barrier strips reduce tillage erosion [J]. Soil and Tillage Research, 1999, 51, 341-356.

THAPA B B., CASSEL D K., GARRITY D P. Animal powered tillage translocated soil affects nutrient dynamics and soil properties at Claveria, Philippines [J]. Journal of Soil and Water Conservation, 2001, 56, 14-21.

TIESSEN K H D., MEHUYS G R., LOBB D A., et al. Tillage erosion within potato production systems in Atlantic Canada. I. Measurement of tillage translocation by implements used in seedbed preparation [J]. Soil Till. Res, 2007, 95, 308-319.

TIESSEN K H D., MEHUYS G R., LOBB D A., et al. Tillage erosion within potato production systems in Atlantic Canada. II. Erosivity of primary and secondary tillage operations [J]. Soil Till. Res, 2007, 95, 320-331.

TORRI D., BORSELLI L. Clod movement and tillage tool characteristics for modeling tillage erosion [J]. Journal of Soil and Water Conservation, 2002, 57(1): 25-28.

TSARA M., GERONTIDIS S., MARATHIANOU M., et al. The long-term effect of tillage on soil displacement of hilly areas used for growing wheat in Greece [J]. Soil Use and Management, 2001, 17, 113-120.

TURKELBOOM F., POESEN J., OHLER I., et al. Assessment of tillage erosion rates on steep slopes in northern Thailand [J]. Catena, 1997, 29, 29-44.

VAN MUYSEN W., GOVERS G. Soil displacement and tillage erosion during secondary tillage operations: the case of rotary harrow and seeding equipment [J]. Soil and Tillage Research, 2002, 65, 185-191.

VAN MUYSEN W., GOVERS G., VAN OOST K. Identification of important factors in the process of tillage erosion: the case of mouldboard tillage [J]. Soil and Tillage Research, 2002, 65, 77-93.

VAN MUYSEN W., GOVERS G., BERGKAMP G., et al. Measurement and modelling of the effects of initial soil conditions and slope gradient on soil translocation by tillage [J]. Soil and Tillage Research, 1999, 51, 303-316.

VAN MUYSEN W., GOVERS G., VAN OOST K., et al. The effect of tillage depth, tillage speed, and soil condition on chisel tillage erosivity [J]. Journal of Soil and Water Conservation, 2000, 55(3): 355-364.

VAN OOST K., GOVERS G., QUINE T A., et al. Comment on "Managing soil carbon"(I) [J]. Science, 2004, 305(5690): 1567.

VAN OOST K., GOVERS G., DESMET P. Evaluating the effects of changes in landscape structure on soil erosion by water and tillage [J]. Landscape Ecology, 2000, 15, 577-589.

VAN OOST K., GOVERS G., VAN MUYSEN W. A process-based conversion model for caesium-137 derived erosion rates on agricultural land: an integrated spatial approach [J]. Earth Surface Processes and Landforms, 2003, 28, 187-207.

VAN OOST K., GOVERS G., VAN MUYSEN W., et al. Modeling translocation and dispersion of soil constituents by tillage on sloping land [J]. Soil Science Society of America Journal, 2000b, 64(5): 1733-1739.

WALTON R S., VOLKER R E., BRISTOW K L., et al. Solute transport by surface runoff from low-angle slopes: theory and application [J]. Hydrological Processes, 2000, 14(6):1139-1159.

WANG Y., ZHANG J H., ZHANG Z H., et al. Impact of tillage erosion on water erosion in a hilly landscape [J]. Science of the Total Environment, 2016, 522-532.

WANG Y., ZHANG J H., ZHANG Z H. Influences of intensive tillage on water-stable aggregate distribution on a steep hillslope[J]. Soil and Tillage Research, 2015, 151, 82-92.

WHITE P J. A review of soil erosion and agricultural productivity with particular reference to grain crop production in Queensland [J]. Journal of Australian Institute Agriculture Science, 1986, 52(1):12-22.

WISCHMEIER W H., SMITH D D. Rainfall energy and its relation to soil loss [J]. Transactions, American Geophysical Union, 1958, 39(2): 285-291.

WRIGHT A L., DOU F., HONS F M. Soil organic C and N distribution for wheat cropping systems after 20 years of conservation tillage in central Texas [J]. Agriculture, Ecosystems and Environment, 2007, 121(4): 376-382.

YU X X., ZHANG X M., NIU L. Simulated multi-scale watershed runoff and sediment production based on geowepp model [J]. International Journal of Sediment Research, 2009, 24(4), 465-478.

YULIANG Q., YUN Q. Fast soil erosion investigation and dynamic analysis in the Loess Plateau of China by using information composite technique [J]. Advances in Space Research, 2002, 29 (1), 85-88.

ZHANG J H., LI F C. Soil redistribution and organic carbon accumulation under long-term (29 years) upslope tillage systems [J]. Soil Use and Management, 2013,29 365-373.

ZHANG X B., WEN Z M., FENG M Y., et al. Application of ^{137}Cs fingerprinting technique to interpreting sediment production records from reservoir deposits in a small catchment of the Hilly Loess Plateau [J], China. Science in China Series D: Earth Sciences, 2007, 50(2):254-260.

ZHANG J H., NIE X J., SU Z A. Soil profile properties in relation to soil redistribution by intense tillage on a steep hillslope [J]. Soil Science Society of America Journal, 2008, 72(6): 1767-1773.

ZHANG J H., QUINE T A., NI S J., et al. Stocks and dynamics of SOC in relation to soil redistribution by water and tillage erosion [J]. Global Change Biology, 2006b, 12(10):1834-1841.

ZHANG J H., FRIELINGHAUS M., TIAN G., et al. Ridge and contour tillage effects on soil erosion from steep hillslopes in the Sichuan Basin, China [J]. Journal of Soil and Water Conservation, 2004a, 59 (6): 277-283.

ZHANG J H., LI F C. An appraisal of two tracer methods for estimating tillage erosion rates under hoeing tillage [J]. Procedia Environmental Sciences, 2011, 10(6): 825-829.

ZHANG J H., LIU S Z., ZHONG X H. Distribution of soil organic carbon and phosphorus on an eroded hillslope of the rangeland in the northern Tibet Plateau, China [J]. European Journal of Soil Science, 2006a, 57, 365-371.

ZHANG J H., LOBB D A., LI Y., et al. Assessment of tillage translocation and tillage erosion by hoeing on the steep land in hilly areas of Sichuan, China [J]. Soil and Tillage Research, 2004b, 75: 99-107.

ZHANG J H., SU Z A., NIE X J. An investigation of soil translocation and erosion by conservation hoeing tillage on steep lands using a magnetic tracer [J]. Soil and Tillage Research, 2009, 105: 177-183.

ZHANG X., QUINE T A., WALLING D E. Soil erosion rates on sloping cultivated land on the Loess Plateau near Ansai, Shaanxi Province, China: an investigation using Cs-137 and rill measurements [J]. Hydrological Processes, 1998, 12, 171-189.

ZHANG X., QUINE TA., WALLING D E., et al. A study of soil erosion on a steep cultivated slope in the Mt. Gongga region near Luding, Sichuan, China, using the ^{137}Cs technique [J]. Acta Geol Hisp, 2000, 35, 229-238.

ZHOU P., LUUKKANEN O., TOKOLA T., et al. Effect of vegetation cover on soil erosion in a mountainous watershed [J]. Catena, 2008, 75(3), 319-325.

蔡强国，王贵平，陈永宗. 黄土高原小流域侵蚀产沙过程与模拟[M]. 北京：科学出版社，1998.

蔡强国，王忠科，李克文，等. 水土流失规律与坡地改良利用[M]. 北京：环境科学出版社，1995.

蔡强国，陆兆熊，王贵平. 黄土丘陵沟壑区典型小流域侵蚀产沙过程模型[J]. 地理学报，1996，51(2)：108-117.

蔡强国，吴淑安. 紫色土陡坡地不同土地利用对水土流失过程的影响[J]. 水土保持通报，1999，19(2)：57-62.

陈浩. 流域坡面与沟道的侵蚀产沙研究[M]. 北京：气象出版社，1993.

陈晓燕，王茹，卓素娟，等. 不同降雨强度下紫色土陡坡地侵蚀泥沙养分特征[J]. 水土保持学报，2012，26(6): 1-5.

陈欣，范兴海，李冬. 丘陵坡地地表径流中磷的形态及其影响因素[J]. 中国环境科学，2000，20(3):284-288.

陈永宗. 黄河中游黄土丘陵地区坡地的发育. 地理集刊[M]，第 10 号，北京：科学出版社，1976，35-51.

程琴娟，蔡强国，胡霞. 不同粒径黄绵土的溅蚀规律及表土结皮发育研究[J]. 土壤学报，2007，44(3): 393-396.

付兴涛，张丽萍. 红壤丘陵区坡长对作物覆盖坡耕地土壤侵蚀的影响[J]. 农业工程学报，2014，30(5): 91-98.

傅涛，倪九派，魏朝富，等. 雨强对三峡库区黄色石灰土养分流失的影响[J]. 水土保持学报，2002，16(2):33-35&83.

傅涛，倪九派，魏朝富，等. 不同雨强和坡度条件下紫色土养分流失规律研究[J]. 植物营养与肥料学报，2003，9(1):71-74.

高学田，包忠谟. 降雨特性和土壤结构对溅蚀的影响[J]. 水土保持学报，2001，15(3): 24-26.

黄满湘，章申，张国梁，等. 北京地区农田氮素养分随地表径流流失机理[J].地理学报，2003，58(1):147-154.

黄婷，岳西杰，葛玺祖，等. 基于主成分分析的黄土沟壑区土壤肥力质量评价——以长武县耕地土壤为例[J]. 干旱地区农业研究，2010，28(3): 143-147.

贾科利，常庆瑞，王占礼，等. 陕北坡耕地土壤侵蚀对土壤性质的影响研究[J]. 中国生态农业学报，2006，14(1):96-99.

贾立志，高建恩，许秀泉，等. 基于 WEPP 模型的多级梯田暴雨侵蚀模拟初步研究[J]. 水土保持研究，2014，06:1-5.

贾立志. 黄土丘陵区高效农业多级梯田暴雨侵蚀规律初步研究[D]. 陕西杨凌：中国科学院大学，2014.

蒋定生. 黄土高原水土流失与治理模式[M]. 北京：中国水利水电出版社，1997.

靳长兴. 论坡面侵蚀的临界坡度[J].地理学报，1995，50（3）：234-239.

景可，王万忠，郑粉莉. 中国土壤侵蚀与环境[M]. 北京：科学出版社，2005.

孔亚平，张科利，唐克丽. 坡长对侵蚀产沙过程影响的模拟研究[J]. 水土保持学报，2001，15(02): 17-20.

李鹏，李占斌，郑良勇. 黄土陡坡径流侵蚀产沙特性室内实验研究[J]. 农业工程学报，2005，21(7): 42-45.

李玉山. 黄土区土壤水分循环特征及其对陆地水分循环的影响[J]. 生态学报，1983，02:91-101.

梁改革，高建恩，韩浩，等. 基于作物需水与降雨径流调控的隔坡梯田结构优化[J].中国水土保持科学，2011，9(1):24-32.

梁改革. 基于降雨径流调控的坡地梯田结构优化初步研究[D]. 陕西杨凌:中国科学院研究生院，2010.

刘宝元，张科利，焦菊英. 土壤可蚀性及其在侵蚀预报中的应用[J]. 自然资源学报，1999，14(4): 345-350.

刘秉正，吴发启. 土壤侵蚀[M]. 西安：陕西人民出版社，1997.

刘旦旦，王健，尹武君. 天然降雨对黄土坡地土壤侵蚀和养分流失的影响[J]. 节水灌溉，2011，(8):17-24.

刘纪根，张平仓，陈展鹏. 聚丙烯酰胺对扰动红壤可蚀性及临界剪切力的影响[J]. 农业工程学报，2010(7): 45-49.

刘益军，王昭艳. 水力侵蚀预测模型 WEPP 气象数据的输入方法[J]. 水土保持科技情报，2003，04:4-5.

马琨，王兆骞，陈欣，等. 不同雨强条件下红壤坡地养分流失特征研究[J]. 水土保持学报，2002，16(3):16-19.

聂小军，徐小涛. 耕作侵蚀对农田坡地景观影响的研究进展[J]. 水土保持研究，2010，17(5): 254-260.

邱扬，傅伯杰，王军，等. 黄土丘陵小流域土壤侵蚀的时空变异及其影响因子[J]. 生态学报，2004，09:1871-1877.

史德明，韦启潘，梁音，等. 中国南方侵蚀土壤退化指标体系研究[J]. 水土保持学报，2000，14(3):1-8.

苏正安，张建辉. 耕作侵蚀及其对土壤肥力和作物产量的影响研究进展[J]. 农业工程学报，2007，23(1): 272-278.

孙波，张桃林，赵其国. 我国东南丘陵山区土壤肥力的综合评价[J]. 土壤学报，1995，32(4):362-369.

孙飞达，王立，龙瑞军，等. 黄土丘陵区不同降雨强度对农地土壤侵蚀的影响[J]. 水土保持研究，2007，14(2): 16-18.

唐泽军，雷廷武，张晴雯，等. 确定侵蚀细沟土壤临界抗剪应力的 REE 示踪方法[J]. 土壤学报，2004，41(1): 28-33.

王百群，刘国彬. 黄土丘陵区流失泥沙养分富积特征及其与地形的关系[J]. 土壤侵蚀与水土保持学报，1998，4(6):42-45.

王建勋，郑粉莉，江忠善，等. WEPP 模型坡面版在黄土丘陵沟壑区的适用性评价——以坡度因子为例[J]. 泥沙研究，2008a，06: 52-60.

王建勋，郑粉莉，江忠善，等. WEPP 模型坡面版在黄土丘陵沟壑区的适用性评价——以坡长因子为例[J]. 水土保持通报，2007，02: 50-55.

王建勋，郑粉莉，江忠善，等. 基于 WEPP 的黄土丘陵区不同坡长条件下坡面土壤侵蚀预测[J]. 北京林业大学学报，2008b，02:151-156.

王建勋. WEPP 模型（坡面版）在黄土高原丘陵沟壑区的适用性评价[D]. 西北农林科技大学，2006.

王礼先，朱金兆. 水土保持学（第 2 版）[M]. 北京：中国林业出版社，2005:94-95&139.

王万忠. 黄土地区降雨特性与土壤流失关系的研究III——关于侵蚀性降雨标准的问题[J]. 水土保持通报，1984，4(2): 58-62.

王晓燕，高焕文，李洪文，等. 保护性耕作对农田地表径流与土壤水力侵蚀影响的试验研究[J]. 农业工程学报，2000，16(3):66-69.

王占礼，邵明安，雷廷武. 黄土区耕作侵蚀及其对总土壤侵蚀贡献的空间格局[J]. 生态学报，2003，23(7):1328-1335.

王占礼，邵明安，李勇. 黄土地区耕作侵蚀过程中的土壤再分布规律研究[J]. 植物营养与肥料学报，2002，8(2):168-172.

魏天兴，朱金兆. 黄土残塬沟壑区坡度和坡长对土壤侵蚀的影响分析[J]. 北京林业大学学报，2002，24(1): 59-62.

魏孝荣，邵明安. 黄土高原沟壑区小流域坡地主要土壤元素分布特征[J]. 生态学报，2007，27(2): 603-612.

肖培青. 黄土丘陵区坡沟系统侵蚀产沙过程及动力学机理研究[D]. 杨凌：中国科学院研究生院，2007.

徐泰平，朱波，况福虹，等. 四川紫色土坡耕地磷素渗漏迁移初探[J]. 农业环境科学学报，2006a，25(2):464-466.

徐泰平，朱波，汪涛，等. 不同降雨侵蚀力条件下紫色土坡耕地的养分流失[J]. 水土保持研究，2006b，13(6):139-144.

许明祥，刘国彬，赵允格. 黄土丘陵区土壤质量评价指标研究[J]. 应用生态学报，2005，16(10): 1843-1848.

杨艳生，史德明. 关于土壤流失方程中K因子的探讨[J]. 中国水土保持，1982，(4):39-45.

张成娥，郑粉莉. 林地开垦后坡面土壤元素的时空变化特征[J]. 应用生态学报，2002，13 (6):672-674.

张光辉. 坡面水力侵蚀过程水动力学研究进展[J]. 水科学进展，2001，12(3): 395-400.

张洪江. 土壤侵蚀原理[M]. 北京：中国林业出版社，2000，19-20.

张会茹，郑粉莉. 不同降雨强度下地面坡度对红壤坡面土壤侵蚀过程的影响[J]. 水土保持学报，2011，25(3): 40-43.

张晴雯，雷廷武，潘英华，等. 细沟侵蚀可蚀性参数及土壤临界抗剪应力的有理（实验）求解方法[J]. 中国科学院研究生院学报，2004，21(4): 468-475.

张玉斌，郑粉莉，贾媛媛. WEPP 模型概述[J]. 水土保持研究，2004，4:146-149.

郑粉莉，高学田. 黄土坡面土壤侵蚀过程与模拟[M]. 西安：陕西人民出版社. 2000.